ウーパールーパーと もっと！仲良くなれる本

エムピージェー

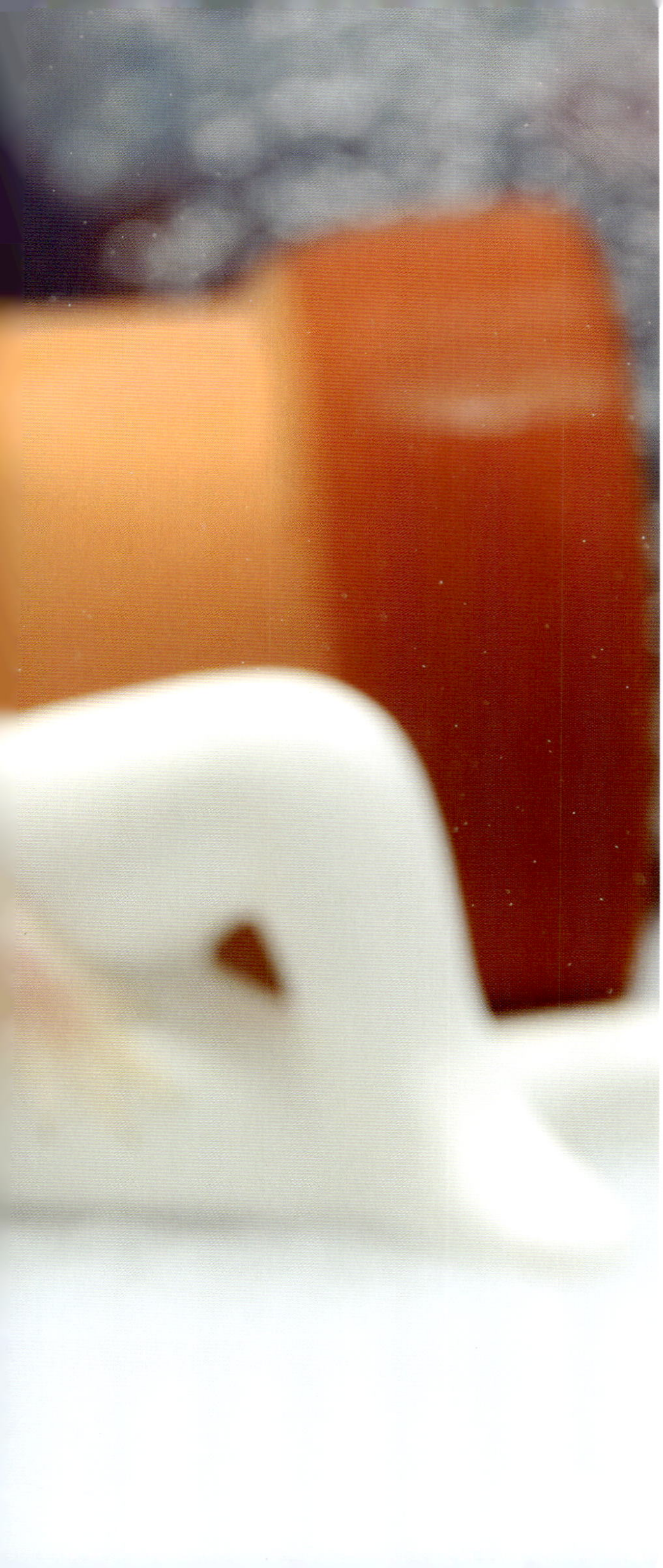

はじめに

いつも笑っているような
とぼけた表情。
首からピョンと飛び出した
フサフサのエラ。
かわいくもあり、どこか変でもあり、
宇宙人と紹介されても納得してしまうような
不思議な姿の生物、
それがウーパールーパーです。
彼らの知名度を上げたのは、
かつて放映されたテレビCMがきっかけでしたが、
それから長い時間が過ぎ、
今や人気のペットとなっています！
その理由は、手をかけた分だけきれいに育ち、
また、意外に人に馴れてくれることでしょうか。
本書では、そんな彼らと友達、家族のように
付き合うための方法を紹介します!!

もくじ

ウーパールーパー図鑑 …… **6**

ウーパールーパーってなんだ? …… **18**

ウーパールーパーの不思議な身体と、その特徴 …… **20**

ウーパールーパーを迎え入れよう! ー水槽の準備と作り方ー …… **22**

購入時の注意点 …… 23

飼育に適した水槽、ケース …… 24

底砂 …… 25

ろ過器（フィルター） …… 26

レイアウトグッズ …… 28

水 …… 30

ウパリウムの作り方 …… 31

いろいろなウパリウム ーウーパールーパーの水槽飼育例ー …… 34

ウーパールーパーと暮らそう! ー日々の世話と繁殖方法ー …… **38**

餌とその与え方 …… 39

水換えの仕方 …… 41

フィルター掃除術 …… 42

繁殖 …… 44

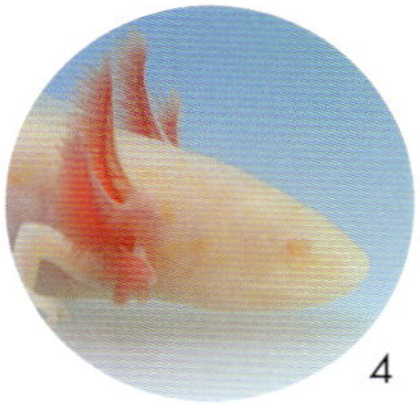

みんなのウーパールーパー —愛好家宅訪問— …… 48
ウーパールーパーの写真を撮ろう！ —水槽における撮影法— …… 54
もっと！ ウーパールーパー図鑑 …… 60
ウーパールーパーの故郷とその現状 …… 74
ウーパールーパーの仲間たち …… 76
もっと仲良くなるためのウーパールーパー学 …… 81
名前にまつわるアレコレ …… 82
人との生活 …… 83
再生能力と、進化の不思議 …… 84
体色の秘密 …… 85
大人にならない理由 —幼形成熟のメカニズム— …… 86
変態と、そのときの飼育方法 …… 87
大人にならない理由2 —有尾類の幼形成熟と進化— …… 88
ウーパールーパーがかかる病気と治療法 …… 90
飼育用語辞典 …… 94

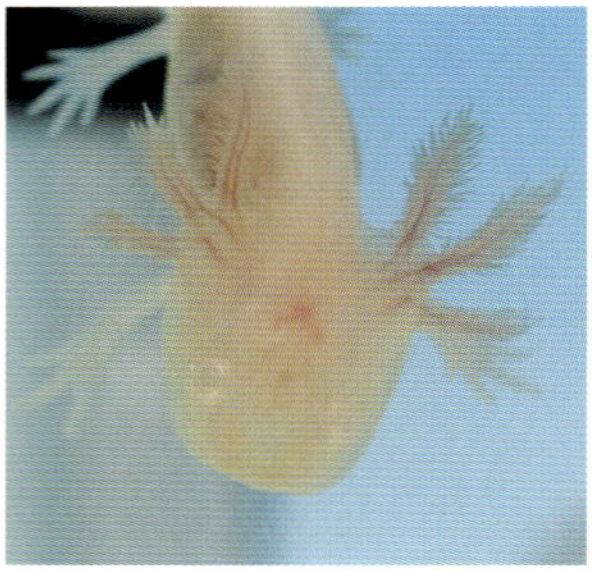

ウーパールーパー図鑑

解説／アクアライフ編集部

ウーパールーパーの体色にはいくつかのバリエーションが知られ、今なお、新しい表現が生み出されています。まずはペットショップなどで見かける機会の多い品種から紹介していきましょう。ぜひ、お気に入りを見つけてください!

昔も今もいちばんの人気者！

おとぼけ顔のかわいらしさは幼体もかわらず！
なお、個体によって、黒目がちのものとそうでないものがいる

リューシスティック

かつてインスタント焼きそばのCMキャラクターとして一世を風靡したのが、この品種。白い身体に黒い目を持つのが特徴で、「ホワイト・黒目」とも呼ばれる。その白い体色は、ウーパーの最大の特徴である外鰓の赤み、そして、黒目の愛らしさを引き立て、特に人気が高い

美白のボディに赤く光る目

アルビノの幼体

アルビノ

色素を作ることができなくなってしまった品種で、肌色のボディに赤い目を持つ。目が赤いのは、血管の色が透けて見えているためで、人によって好き嫌いが分かれるのだが、よく見ると、なかなかカワイイでしょ??

黄金に輝くウーパー！

幼体。ラメの入り方には個体差がある

ゴールデン

全身が黄色みを帯びるアルビノの１タイプで、身体にはラメのように輝く斑紋（虹色素胞）が散りばめられるのが特徴。ウーパーの品種の中でも、ひと際色彩豊かでポップな姿をしていることから、人気も高い。タイガーサラマンダーという別種との交配により作出されたという説もある

マーブル

黄褐色〜暗褐色のボディに黒色のまだら模様が入った、原種の面影を感じさせる品種。他の品種と比べるとやや渋めの印象ではあるが、身体の地色やまだら模様の入り方には個体差が大きく、自分好みの１匹を選ぶ楽しみもある

ワイルドだぜ！

黄土色をベースとしたマーブル。あまり見ないタイプだ

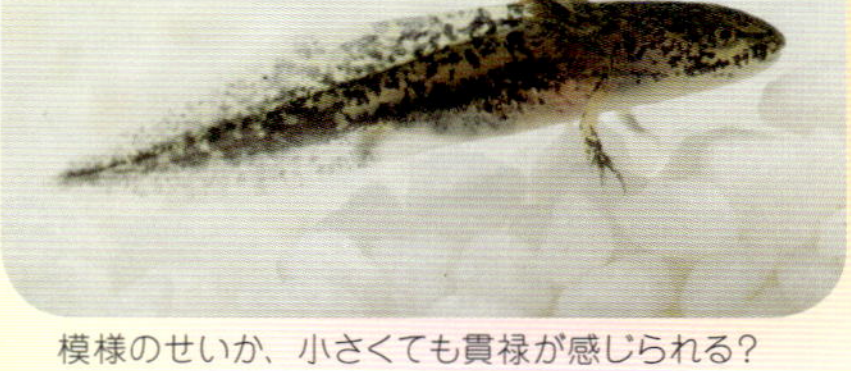

模様のせいか、小さくても貫禄が感じられる？

圧倒的存在感！

オタマジャクシのようなベビー。色みは成長とともに濃くなる

ブラック

身体から目、外鰓まで、ほぼ黒一色に染まったインパクトのある品種。通好みのカラーと思いきや意外な人気者で、そのとぼけた表情にやられてしまう愛好家も少なくないとか！？　身体に黒いスポット模様が現れる個体もいるが、成長に伴い目立たなくなる場合が多い

２つの顔を持つ⁉

正面から見てもこの通り！
顔の中央でスパッと色分けされている

ブリンドル

身体の正中線を境にして左右で色・模様のパターンが異なるもので、その色彩の組み合わせも様々。驚くほどきれいに色分けされた姿からは、遺伝の不思議さすら感じられる。ただし、１万匹に１匹と言われるほど出現率は低く、見かける機会は多くない

まるでオセロのような、
ブラックとリューシスティックのブリンドル

ブラックと、白地に黒のマーブル模様という
珍しい色彩を併せ持ったブリンドル

右側が白地に黒のマーブル、左側がリューシスティックのブリンドル。ただし、マーブル模様は境界を越えて現れることもあるようだ（特に顔のあたり）。白一色のお腹もチャームポイント！

黄色でメイクアップ！

アルビノイエロータイガー

こちらは頭から尾にかけてストライプ状に黄色の模様が入る

アルビノイエロースポット

「アルビノの人気をより高めたい」との思いから、ブリーダーの渡部　久氏により作出された品種。アルビノの身体をベースとして、黄色のぶち模様が入る美しい姿をしており、今後、流通量の増加が期待される

かわいさ、ギュッと凝縮！

ずんぐりむっくりの体型が魅力。作出者の元では頭：胴：尾の長さの比率が1：1：1.5であるものを理想として、磨きがかけられている

ウパルパ

ウーパールーパーのショートボディ品種。ユニークな名前はウーパールーパーから「ー（長音符）」を取ったもの。体が短いという特徴を表していて、シャレの効いたネーミングだ。ブリーダーの渡部　久氏により作出され、さらに体型の美しさにこだわりながら選抜交配が進められている

ウパルパのバラエティ

ウパルパの交配過程では、
尾の長いもの、顔つきに特徴があるものなど、
様々な表現が登場し、楽しみの幅を広げています!

流行りのアヒル口!?

ウパルパ・ロングテール・ショベルヘッド

イルカを彷彿させる、ピョンと突き出た口先を持つ個体。ウーパールーパー特有の"笑顔感"が強調された魅力個体だ

ウパルパ

「ウパルパ」というのは、体型に由来する名称であるから様々な色彩バリエーションがある。写真はマーブルのウパルパ

ウパルパ・ショートテール

ウパルパの中でも特に尾が短いもの。この個体は生後1年ほどの成体だが、サイズは12cmほどに留まっており、幼体のようなあどけなさも感じさせる

激短！

ウパルパ・ロングテール

ウパルパのボディに、ノーマルタイプの長い尾を持つもの。ウパルパのネーミングルールに従うなら、ウパルパ“ー”といったところか？

ちょい長！

ウーパールーパーってなんだ？

解説／藤谷武史

ひと言で言うと…、ウーパールーパーとは メキシコサラマンダーという両生類の幼形成熟個体（*Ambystoma mexicanum* のネオテニー個体）のことです！

何の仲間？

ウーパールーパーという生き物の存在はご存じの方も多いでしょう。では、「何の仲間であるか？」と聞かれると、少しとまどう方もいると思います。

水中で生活することから、中には「魚類？」なんて思われる方もいるかもしれませんが、ウーパールーパーは、カエルやイモリ・サンショウウオなどと同じ「両生類」の仲間です。そう言われると、四肢もありサンショウウオに似た体格をしていますね。

しかし、奇妙なことに首のあたりにヒラヒラしたエラが付いています。しかも大きくなっても水中生活をするではありませんか。……アレ？　ここで、小学校の理科の時間に習ったことを思い出して、疑問に感じるかもしれません。「両生類の仲間は生まれてしばらくのあいだ水中生活を行ない、その後、性成熟を迎える少し前に変態して陸に上がるのでは？」

両生類の生態については基本的にこの認識で間違いありません。ウーパールーパーが特別なのです。ウーパールーパーは一生を水中で暮らし、しかも、幼生の姿のまま大人になる「ネオテニー（幼形成熟）」という特殊な生態を持っています。カエルで例えるならば、オタマジャクシのまま卵を産んで、またオタマジャクシが生まれてくる…ということです。

たくさんの名前を持っている？

さて日本では、1985年にインスタント

Key word 1

メキシコサラマンダー

ウーパールーパーの正体はメキシコサラマンダーという両生類。メキシコのソチミルコ湖周辺に生息するが、開発などの影響で減少し、野生個体は取引が規制されている。しかし、流通しているのは養殖個体なので飼育は問題ない。

野生種の面影を残すマーブル

くわしくは 74p へ！

両生類有尾目トラフサンショウウオ科

トラフサンショウウオ属

メキシコサラマンダー

Ambystoma mexicanum

メキシコ合衆国メキシコシティ
ソチミルコ湖

こういう者です。
よろしく！

Key word 2

アホロートル

アホロートル（Axolotl）とは、トラフサンショウウオ属の幼形成熟（ネオテニー）したもの全般を指す言葉。トンボの幼虫をヤゴと呼ぶのと同じように、生き物の状態を示す単語であり、「アホロートル」という特定の種がいるわけではない。

タイガーサラマンダーの幼生。ウーパールーパーに似るが、こちらは普通に変態する

くわしくは 86p へ！

Key word 3

ネオテニー

幼形成熟（ネオテニー）とは、動物が幼体の特徴を残したまま、性的に成熟すること。ウーパールーパーは首から外にはみ出た外鰓という、両生類の幼生としての姿を持っているが、そのまま変態せずに繁殖を行なう。

飼育下でもごく稀に水質の刺激などにより変態し、成体になることがある

くわしくは 87p へ！

焼きそばのCMで紹介されたことがきっかけで、そのかわいらしい姿や奇妙な生態が話題となり、人気者になりました。

ウーパールーパーという名前も当時、日本で付けられたものが、そのまま定着したものです。しかし、これはあくまでも愛称であり、学術的には*Ambystoma mexicanum*（アンビストマ・メキシカヌム）という学名が付いています。また、彼らの故郷メキシコではアホロートルやメキシコサラマンダーなどと呼ばれています。

実は絶滅危惧種!?

本書でも紹介しているように、ウーパールーパーには様々な体色のバリエーションが知られています。しかし、メキシコに生息する野生個体の体色は、黒っぽく非常に地味です。

またペットとしては非常にポピュラーであるにもかかわらず、国際自然保護連合（IUCN）のレッドリストによるカテゴリーでは「絶滅寸前」（Critically Endangered）に指定され、ワシントン条約では付属書Ⅱ類に記載されていることは特筆すべき点です。彼らはメキシコシティのごく限られた湖にのみ生息する、世界的にも大変貴重な生物なのです。

しかし、古くから実験動物として世界的に広まったことで、様々なカラーバリエーションが生まれ、現在、私たちはペットとして親しむことができます。こういった背景も忘れずに、ウーパールーパーたちとの楽しい生活を始めることにしましょう。

奇妙だけど、
どこか愛らしい姿が
ウリのウーパールーパー。
そのパーツを
チェックしてみましょう

ウーパールーパーの
不思議な身体と、その特徴

解説／藤谷武史

尾
薄い膜状のヒレがある
肋条《ろくじょう》
身体の側面に現れる溝
外鰓《がいさい》
餌を見つけたり興奮すると、赤みが増す
目
品種によって色は様々
足
前後で指の数が異なる。かじられても、再生する場合が多い
口
いつも微笑んでいるような口元が魅力

大きさの測り方

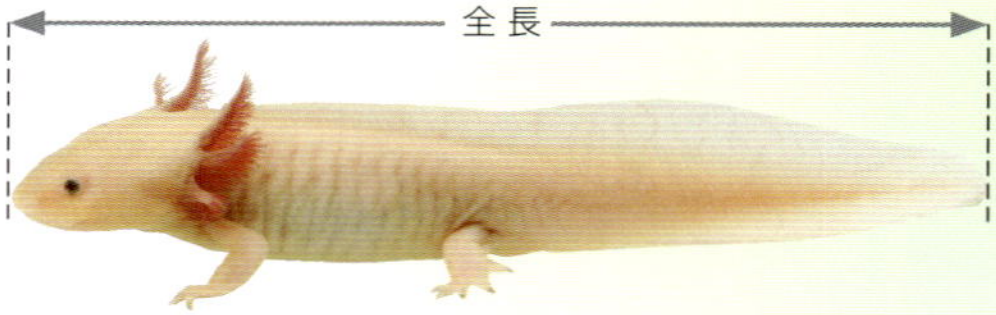
全長

- **全長：25cm**
- **寿命：6～7年**

最高では20年以上生きた記録もあり、まさに、友達、家族として付き合える存在だ

「気をつけ」の姿勢のように、四肢をたたんで泳ぐ

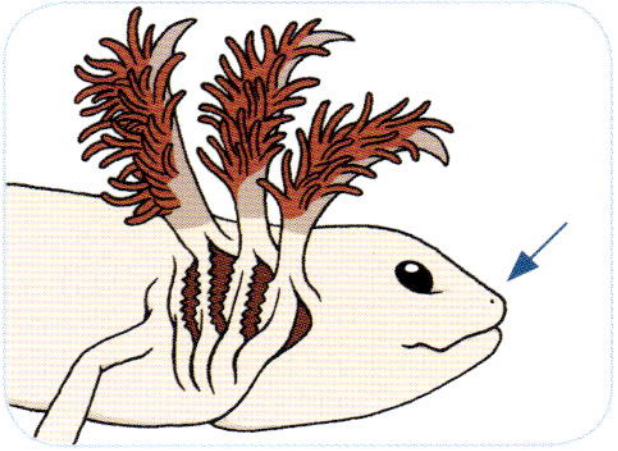

普段は隠れていて見えないが、外鰓の付け根には鰓裂（さいれつ）という穴が開いている。餌を吸い込む際などに口から取り入れた水は、ここから排出する。呼吸のための水は外鼻孔（矢印）からも入る（岩澤　倉本,1997より改写）

エラと肺

ウーパールーパーの外部形態で最も特徴的なのは、やはり首のあたりから飛び出たエラ、外鰓でしょう。先に述べたように、ウーパールーパーは基本的に一生この外鰓を保持しています。

外鰓の数は、片側に3つずつの計6つ。外鰓には繊毛状の突起が多く存在し、この器官でエラ呼吸を行なっています。外鰓の付け根には鰓裂《さいれつ》という咽頭《いんとう》とつながる穴が開いており、口より取り入れた水をここから排出します。

また、エラばかりに注目が集まることから、肺呼吸を行なわないと思われがちですが、ウーパールーパーの成体は肺を持っています。もちろん、肺は肺胞を有し、ちゃんと呼吸する能力があるのです。研究者によると、ふ化後11ヵ月には肺の器官内でガス交換を行なう膜が存在することが確認されています。ウーパールーパーを飼育していると、時折り水面まで泳いでいき、水上に口を出してから戻るという姿が見られますが、肺呼吸（空気呼吸）をしているのはまさにこの瞬間なのです。つまり、成体のウーパールーパーは外鰓を持っているものの、エラ呼吸と肺呼吸の両方を行なうということです。

身体と肋骨《ろっこつ》

胴体には肋条がありますが、肋骨がヒトのように腹部にまで伸びているわけではありません。肋骨は存在するものの非常に短く退化的です。

尾

尾は垂直方向に広いヒレを持ち、泳ぐ時には四肢をたたみ、このヒレを左右に動かして推進力を得ます。

目

目には目蓋《まぶた》がありません。本来、ウーパールーパーが属すトラフサンショウウオ科では、変態をする種類は可動する目蓋を持つのですが、ウーパールーパーは幼形成熟であるため、目蓋は存在しないものと思われます。

歯

歯も同様に幼形成熟が要因で存在しません。しかし、口蓋《こうがい》（上顎《うわあご》の鼻と口の腔を隔てる所）に鋤骨《じょこつ》という板状の骨が存在し、その骨の咽頭側の淵に一列の歯列が存在します。これを鋤骨歯列《じょこつしれつ》と言います。有尾類はこの鋤骨歯列がある種類が多く、種によって歯列の形が異なります。

四肢と指の数

四肢の指は前足が4本、後足が5本です。この前4本、後ろ5本という指の数は両生類では非常に多くの種類で見られる特徴で、カエル類の多くも同様です。

ただし、ウーパールーパーの指の間には水かきがあまり発達しておらず、指先には爪のような角質化した器官はありません。

後ろ足の数は５本。指の付け根にわずかに水かきがある

目に目蓋はない。つぶらな瞳がチャームポイント

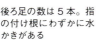

ウーパールーパーを迎え入れよう！

図鑑の中に気になる品種はいましたか？　さっそく飼いたい！　という方もいるでしょう。それでは、まずウーパールーパーの生活空間である水槽を用意しましょう。最初にしっかり準備をしておけば、ウーパールーパーたちもより元気な姿を見せてくれます！

水槽の準備と作り方

解説／藤谷武史

購入時の注意点

元気なコを選んでね！

ウーパールーパーは、観賞魚店や両生爬虫類を扱うショップで簡単に入手ができます。ホームセンターのペットコーナーでもよく見かけますね。

流通が増えるのは春先から初夏にかけて。多くの場合、幼体（ふ化して半年前後の状態）が売られています。比較的安価で、かわいい姿からすぐにでも購入したくなるでしょう。しかし、初心者の方にはできるだけ成長した個体を購入することをおすすめします。幼体よりも高価にはなりますが、飼育を失敗する心配は少ないからです。

つまり、その大きさに成長するまで病気などの障害が出なかったということは、体質的に強いと考えられるのです。当然、体力面においても成体の方が勝っています。

また、品種によっては成長とともに体色が変化することがあり、これも楽しみのひとつですが、どのように育つかは幼体では判断がつきにくい場合もあります。両生類の皮膚は幼生から成体になるときに層が増えることが知られ、幼形成熟をするウーパーでも同様に、成長に伴い色素細胞が発現することもあります。

基本的な注意点として、エラはしっかり伸びて溶けていないか、四肢はしっかり生えそろっているかの確認は重要です。身体が白っぽく濁った個体や、綿のような水カビなどが付着している個体、痩せている個体は購入を避けましょう。

さてウーパールーパーの購入は、以降のページで紹介するとおり水槽をセットしてからにします。しかし万が一、急にウーパールーパーが家にやってくるような場合は、プラケースのような簡易的な容器で、塩素を抜いた水を使って一時的に飼育することも可能です。その際、温度など周りの環境にもよりますが、水は3～4日に一度全てを交換しましょう。簡易的に飼育しながら、長期飼育のための水槽を別にセットし、飼育に適した水を準備した後で、ウーパールーパーを移してあげれば問題ありません。

こんな個体を選ぼう！

- 外鰓、四肢がしっかり生えている
- 体つきがふっくらして健康的
- 初めてなら全長 12cm 以上

見送った方がいい個体

- 外鰓、四肢が欠けている
- 身体が白く濁ったり、カビが付着している
- 痩せている
- 常に水面に浮いている

飼育に慣れたら
よろしく！

幼体のとぼけた顔つきはかわいさ満点！ ただ、初めて飼育する場合はある程度育った個体の方が安心だ

飼育に適した
水槽、ケース

観賞のしやすさやインテリア性を意識するか、シンプルに飼うこと自体を楽しむかによって、飼育に適したケースは変わってきます。

観賞を楽しむ場合

ガラスやアクリル水槽が適しています。多くの人がこのスタイルから始めることになるでしょう。底砂を敷き、水草などでレイアウトすることも可能です（別項で紹介）。

水槽は水を張ると非常に重くなります。水漏れなどの事故が起きないよう、専用の水槽台などを用いて、水平の取れた場所にセットします。特にガラス水槽は水槽自体が重いので、十分に気をつけましょう。

飼育重視の場合

例えば、繁殖用の親を育成する場合など、観賞性や見映えは気にしないというのであれば、大きめのプラケースなどで飼育することも可能です。その場合、底砂は敷かず、ベアタンク方式（水槽内に砂利や水草など極力余分な物を入れずに飼育する方式）で飼育すると管理しやすいでしょう。

衣装ケースを代用するのもおすすめです。衣装ケースはアクリル水槽より安価で、大きさのバリエーションも豊富、そして、探せば丈夫な構造をしている物も多くあります。私の勤務する動物園のバックヤードではこの衣装ケースをとても重宝しています。

底面積が大切

さて、ウーパールーパーの場合、水槽の垂直方向に泳ぐことはあまりないので、底面積が非常に重要になってきます。ウーパールーパーにとっては、「底面積が広い水槽ほど快適な環境である」ということを意識して水槽を選びましょう。

飼育頭数は、成体の場合、市販の60㌢水槽で3匹くらいが限界だと思われます。もちろん、それ以上の数を飼育することはできますが、水が悪化しやすく、互いに噛み合う不慮の事故などのリスクが高まるので、それに応じた対処が必要です。できるだけ過密飼育は控えた方がよいでしょう。

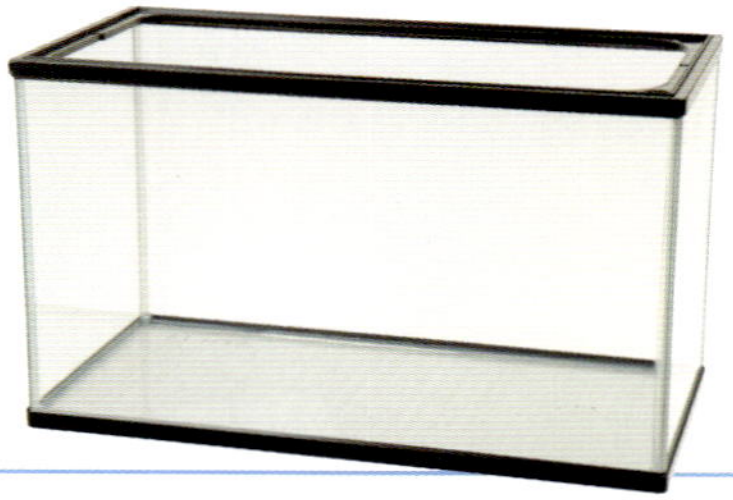

水槽の形状は様々、置き場所や飼育個体のサイズを考慮して選ぼう。近年はプラスチックの枠がないオールガラスタイプが人気

水槽サイズと飼育頭数の目安

5cm 未満の幼体	30cm 水槽で 5 匹
5 ～ 10cm	45cm 水槽に 3 ～ 5 匹
10cm 以上	60cm 水槽に 2 ～ 3 匹
20cm 以上	60cm 水槽に 1 ～ 2 匹

※基本的には単独飼育が好ましい。

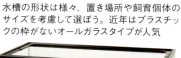

底砂

　様々な色彩、形状のものが市販される底砂は、水槽に敷くことでその見た目を明るくしてくれます。また、水草を植える場合にも底砂が必要です。

　底砂にはこういった印象を良くする効果の他、水質の維持にも役立ちます。底砂のひとつひとつの粒の表面は、水を浄化するろ過バクテリアの繁殖場所にもなるからです。底面全体に砂利を敷けば、ろ過バクテリアの定着面積も非常に大きくなり、飼育水の水質維持も効率良く行なえるでしょう。

　ただし、注意点もあります。ウーパールーパーは水といっしょに吸い込むようにして餌を食べます。そのため砂利を敷いていると、誤まって飲み込んでしまうことがあるのです。通常なら誤飲しても後で吐き出すので、それほど気にする必要はありません。しかし、体調が優れない時や環境の変化などが原因で、吐き戻せないことがたまにあります。これを繰り返すと砂利が胃の中に蓄積され、最終的には死んでしまいます。

　そこで誤飲事故を防ぐには個体のサイズに対して大きめの砂利を使用するか、もしくは誤飲しても排泄されるくらい細かい砂利を敷くのが有効です。

　また、ウーパールーパー、特に成体は、一度にかなりの量のフンを排泄するので、換水時には観賞魚用に売られている底砂クリーナー（ホース）で底砂の中の汚れを吸い出す必要があります。定期的に底掃除をすることで、より安定した環境を作れるでしょう。

おすすめ！

細かい自然砂
川で採集された砂など。水質に影響を与えず、水草も植えやすい。粒サイズが小さいので、ウーパーが詰まらせる心配も少ない

おすすめ！

大磯砂
古くからアクアリウムで用いられている海産の砂利。使用初期は水質をアルカリ性に傾けるが気にするほどではない。粒サイズも豊富で、使いやすい

水質に大きな影響を与えるものでなければ

使いやすい底砂

観賞魚用に市販されている底砂を流用できます

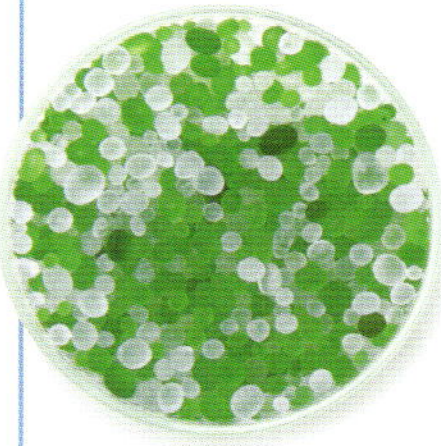

小さなガラス玉
透明感のあるきれいなガラス玉。これもウーパーの不思議な雰囲気とよく似合う。ただし、粒のサイズには注意が必要。水質には影響を与えない

セラミック砂
セラミック製のカラフルな底砂。様々なカラーが市販されているので、飼育するウーパーの品種と合わせて選ぶと楽しい。水質には影響を与えない

五色砂
金魚の飼育用などに用いられることの多い砂利。様々な色の石が水底を彩ってくれる。粒のサイズも数種類あるので、飼育個体の大きさとバランスを取って使いたい

ろ過器

フィルター

水を浄化するろ過器は、ウーパールーパーを状態良く飼うためには欠かせません。ろ過器には様々な種類があり、水槽の大きさや飼育環境を考慮して選ぶ必要があります。

物理ろ過と生物ろ過

なぜろ過器が必要なのでしょうか？ 水のろ過には大きく2つの役割があります。「物理ろ過」と「生物ろ過」です。

まず物理ろ過とは、餌の食べ残しや水草の枯れ葉などの目に見えるゴミを除去すること。

生物ろ過とは、ウーパールーパーが排泄したフンなどをバクテリアの働きによって分解、最終的には比較的無害な物質に変えることをいいます。

この生物ろ過が重要で、生物ろ過に必要なバクテリアを十分に殖やせるフィルターが良いろ過器ということになります。

使いやすいフィルターは？

では、具体的にどのようなろ過器が適しているかというと、飼育スタイルで異なります。一般的に使いやすいのは、スポンジフィルターや上部式、外掛け式フィルターなどです。

スポンジフィルターは最も簡単で安価ですが、他のろ過器と比べろ過能力がやや低いため、複数飼育には向きません。

上部式や外掛け式は、メンテナンスが非常に楽で、ろ過能力も高いです。しかも、空気を巻き込むようにして水を循環させるため、生物ろ過に必要なバクテリアの繁殖効率が非常に良いです（ろ過バクテリアは酸素を好むため）。

水草をレイアウトする場合は、本来、外部式や水中フィルターがおすすめです。これらのフィルターは、水草の光合成に必要な水中の二酸化炭素を空気中に逃しにくいセッティングができるからです。しかし、後のページで紹介する丈夫な水草を植える分には、二酸化炭素についてはさほど気にする必要はありません。

以上のことを踏まえて、水槽の大きさ、飼育頭数に見合ったろ過能力を持つフィルターを選びます。フィルターのメンテナンス（掃除）のしやすさも見落とせないポイントです。

なお、ろ過器を付けていれば、基本的にはエアレーションは必要ないでしょう。また、強い水流はウーパールーパーの負担になってしまうので、出水パイプの向きを変えるなどして調整します。

基本的なろ材

フィルターの中で汚れを漉し取り水を浄化するろ材には、以下の2タイプがあります

物理ろ過

ウールマット

通常、ろ過槽の中でいちばん最初に水が通過する部分に置き、餌の残りやフン、水草の破片など、目に見える大きなゴミを漉し取る

生物ろ過

リング状ろ材

セラミックなどで作られた固形のろ材で、形状はリング状以外にも球状のものなど様々。このろ材の表面に付着したろ過バクテリアの働きにより、目に見えない汚れを分解、無害化する

使いやすいフィルター

水槽サイズ、飼育頭数に見合ったものであれば、基本的にどんなフィルターでも使うことができます。ここでは、各フィルターの能力を目安として示したので参考にしてください

見方

		1 2 3	
ろ過能力：	低い		高い
値　　段：	安い		高い
メンテナンス性：	大変		楽

上部式フィルター

ろ過能力：3
値　　段：2.5
メンテナンス性：2.5

ポンプで汲み上げられた水が、水槽上面に置かれたろ過槽の中を通過後に水槽へ戻るというサイクルのフィルター。ろ過槽の容積も広いことからろ過能力は高く、また手軽にろ材を洗浄できるという点でも優れている。60cm 水槽とセットで販売されていることが多く、成体の飼育水槽におすすめ

スポンジフィルター

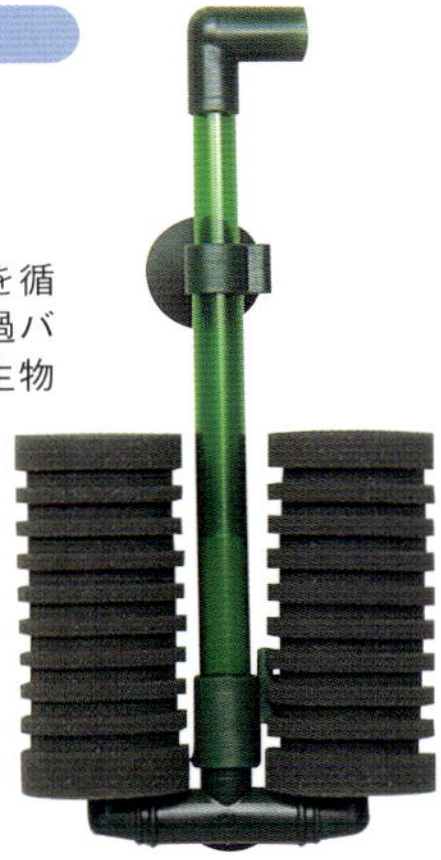

ろ過能力：1.5
値　　段：1
メンテナンス性：3

パイプ内に空気を送ることで水を循環させ、スポンジに付着したろ過バクテリアにより水を浄化させる生物ろ過重視のフィルター。見た目以上にろ過能力はあり、45cm以下の小型水槽で幼体を飼う場合などは、これひとつで十分まかなえる。使用する場合は別途エアポンプが必要

外掛け式フィルター

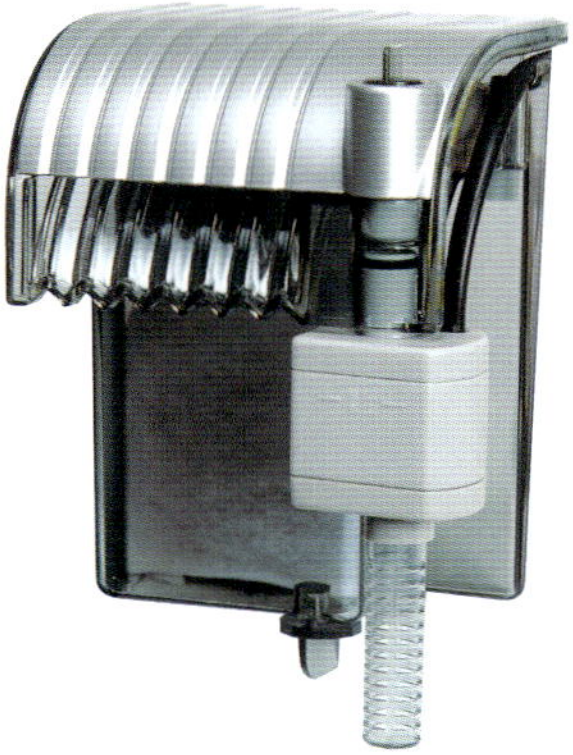

ろ過能力：2
値　　段：1.5
メンテナンス性：3

水槽の外側にろ過槽を引っ掛けて使用する。水の流れは上部式とほぼ同様だが、このフィルターは専用のカートリッジ式ろ材を用いるのが特徴。専用カートリッジには活性炭などの汚れを吸着するろ材が含まれ、これをまめに交換することで、ろ過能力を最大限に発揮できる。小〜中型水槽向け

水中フィルター

ろ過能力：2
値　　段：2
メンテナンス性：2

外部式フィルターとは逆に、ポンプ、ろ過槽ともに水槽の中に入れて使用するフィルター。手軽に設置でき、出水パイプの向きを自由に変えられるなど、カスタマイズ性の高い製品が多い。フィルターの大きさにもよるが、小型〜中型水槽には十分対応できる。他のフィルターの補助にも使える

投げ込み式フィルター

ろ過能力：1.5
値　　段：1
メンテナンス性：2.5

プラスチックケースの中にウールや活性炭などの専用ろ材がパッキングされたフィルター。別途エアポンプが必要で、プラスチックケースの中に空気を送ることで水を循環させる。手軽に使用でき、小型水槽ならこれひとつでも問題ない。他のフィルターと併用してもよい

外部式フィルター

ろ過能力：3
値　　段：3
メンテナンス性：1

水槽の外側にバケツ型のポンプ付きろ過槽を設置して使用するフィルター。水槽内に設置するのは給排水用のパイプだけと、水槽をスッキリ見せることが可能だ。密閉式構造ゆえにメンテナンスの手間はかかるが、それを補うだけの高いろ過能力を持っている

レイアウトグッズ

ウーパールーパーはベアタンク水槽でも十分に飼えますが、せっかくなら、きれいにレイアウトした水槽に泳がせたいと願う方も多いでしょう。ここでは、水槽の飾り方を紹介します。

水草

ウーパールーパーは水草を食べないので、問題なく植えることができます。ただし、飼育頭数は少なめにした方が水草にコケも生えにくく、維持しやすいでしょう。水草には育成に、別途、二酸化炭素の添加器具や強い照明が必要な種類もありますが、ウーパールーパー自体は光をあまり必要とせず、むしろ暗い方が落ち着きます（ちなみに、アルビノ個体に紫外線を当てるのはあまり良くありません）。そこで、二酸化炭素をあまり必要とせず、観賞に最低限必要な光で育成できる水草を選ぶと良いでしょう。具体的な種類としては、アヌビアスやミクロソルムなどは強健で最適です。

照明器具は、一般的な観賞魚飼育用の蛍光灯やLEDライトが使いやすいでしょう。蛍光灯を使う場合、蛍光管には植物育成用のライト、もしくは3波長形ライトなどの光のさほど強くないものを使用します。

水草は、水の浄化にも役立ちます。ろ過バクテリアがタンパク質や他の有機化合物を分解する過程で中間的に発生したアンモニア、また、ウーパールーパーが直接排泄したアンモニアを水草は吸収分解します。さらにアンモニアはバクテリアの働きによって最終的に硝酸塩という物質になりますが、この硝酸塩も水草が吸収分解してくれます（43ページ参照）。

隠れ家（シェルター）

両生類は鱗や角質化した皮膚を持っていないせいか、日光や暑さを好まず、夜行性の種が多いです。そのため、ウーパールーパーの飼育時にも、隠れ家は欠かせないアイテムといえます。

そこで、水草以外では流木をレイアウトするのも有効です。流木には、水質を安定させる効果があると言われ、ちょっとした隠れ家としても使えます。ベアタンクで飼育する際にも、流木を入れるだけでウーパールーパーは落ち着くでしょう。

隠れ家は流木以外にも、ウーパールーパーの肌を傷つける恐れのある尖ったものでなければ、いろいろ使えます。ウーパールーパーが快適に暮らせる環境を作ってあげましょう。

ウーパー水槽に適した照明

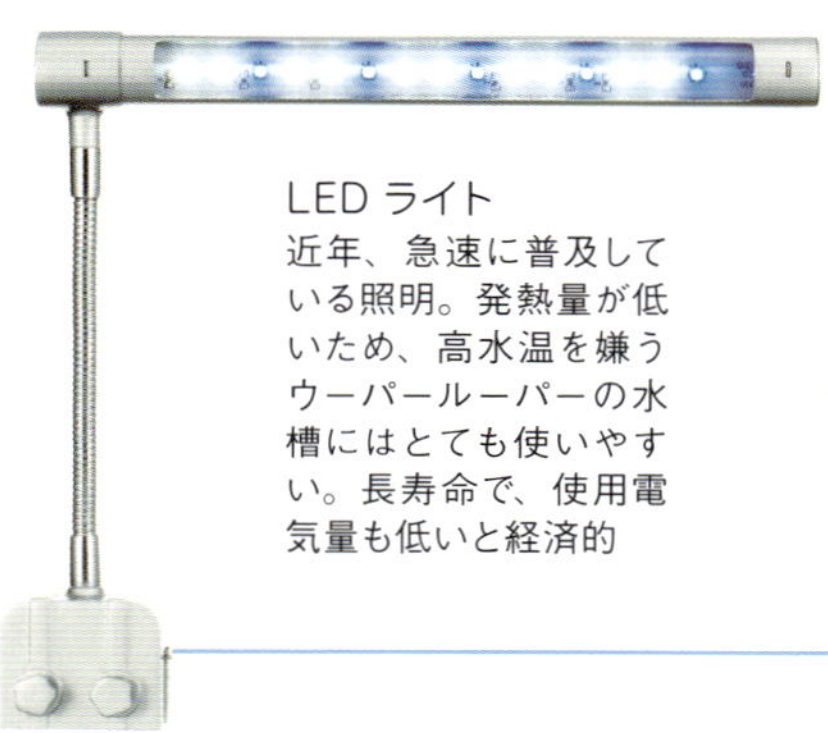

LED ライト
近年、急速に普及している照明。発熱量が低いため、高水温を嫌うウーパールーパーの水槽にはとても使いやすい。長寿命で、使用電気量も低いと経済的

蛍光灯
蛍光管の種類によって水景の印象を変えることができる。水槽の上部に置くタイプは熱がこもるので、夏場には専用のリフトアップパーツを使い、照明と水槽の間に隙間を作るといい

マツモ
根を持たない水草。砂に埋めても、水面に浮かべてもいい。丈夫で生長速度も速いが、殖えすぎると水の流れをさえぎるので適度に間引く

ミクロソルム（ミクロソリウム）・プテロプス
東南アジアに分布するシダの仲間。丈夫で強い光を必要とせず、葉の裏に子株を作って殖える。アヌビアスと同じく、物に着生する

アヌビアス・ナナ
アフリカ原産のサトイモ科の植物。非常に丈夫で、深い緑色が美しい。根茎（根の元にある太い茎）を流木や石に固定することで、着生させることができる

人工水草
本物と見間違えるような精巧なものから、カラフルな色をもったものまで、いろいろな商品がある。作りたい水槽のイメージに合わせて使うといい

ウーパー水槽を彩るレイアウトグッズ

アナカリス
オオカナダモとも呼ばれる。金魚藻としてポピュラーな水草で、安価で入手しやすく、育成も容易。ウーパールーパーの産卵床としても使える

石・岩
流木と組み合わせると、良い雰囲気を作り出せる。種類は豊富で、色・形・大きさも様々だが、ウーパーのために表面がなめらかなものを使いたい

土管
隠れ家の定番で、ここから顔を出すウーパーの姿が実に愛らしい。いくつかのサイズがラインナップしているので、飼育個体の大きさに合わせて選ぼう

流木
木の種類、形状は多様なので、うまく隠れ家として使えるものを選びたい。初期に浮いてしまうことがあるが、水に入れておけば徐々に沈む

水

水はウーパールーパーの生活空間となるものです。適切な飼育水環境を作り出すことによって彼らは元気な姿を見せてくれます。

飼育水の作り方

水道水中に含まれる塩素（カルキ）はウーパールーパーの害となるので、そのまま用いることはできません。市販の塩素中和剤で塩素を抜いてから、水槽に注ぎます。水道水を24時間程度汲み置きしても塩素は抜けますが、地域によってはカルキの濃度が高い場所があり、また、夏と冬では濃度が異なるので、塩素中和剤の使用が確実で、速いです。

観賞魚用として、水中の重金属の除去剤も売られており、これは必須ではないですが、より快適な環境を作るために用いても良いでしょう。

水質

ウーパールーパーは非常に順応性の高い生物です。生息地の水質とは若干異なるようですが、日本の水道水であれば、pHや硬度といった数値は特に気にする必要はありません。

参考までにいうと、pHは6・5～7・5の中性前後が最適です。酸性側、アルカリ性側でも水質が徐々に傾いていく分には大きな問題はありません。しかし、水換えを怠って汚れが蓄積した結果、酸性側に大きく傾くと病気の原因となったり、ろ過バクテリアに影響を及ぼす恐れがあります。水換えを行なって改善しましょう。

硬度は中硬水なら問題ありません（硬度60～120㎎/ℓ）。

水温

飼育に適した水温は5～26℃の範囲で、理想は18℃前後です。繁殖を促すのであれば水温変化が必要ですが、飼育目的であればこの範囲の温度を保つように心掛けます。夏季・冬季を除けば、水槽用ヒーターやクーラー・ファンも必要なく、基本的に常温飼育で問題ありません。

注意したいのは、ウーパールーパーは高水温には極端に弱いということです。30℃を超えると非常に危険なので、真夏は水槽用のクーラーやファンを使ったり、水槽の置き場所に気を遣うなどして、水温上昇には特に気をつけてください。

なお、低い分には5℃でも平気ですが、長期的にこの温度にする必要はなく、餌食いも落ちて弱ってしまう恐れがあります。寒冷地などで育てる場合は水槽用ヒーターで保温してあげましょう。

塩素中和剤（カルキ抜き）＆粘膜保護剤
水道水中に含まれる塩素は、液体タイプの中和剤を使えばすばやく確実に取り除ける。同時に水道水中の重金属を無害化する魚用の粘膜保護剤を用いてもいい

水槽用ファン
水槽の側面ガラスなどに設置する冷却ファン。高水温を嫌うウーパーのために、夏場は用意しておきたい。水温が下がり過ぎてしまう場合は、ファン専用のサーモスタットが必要となる

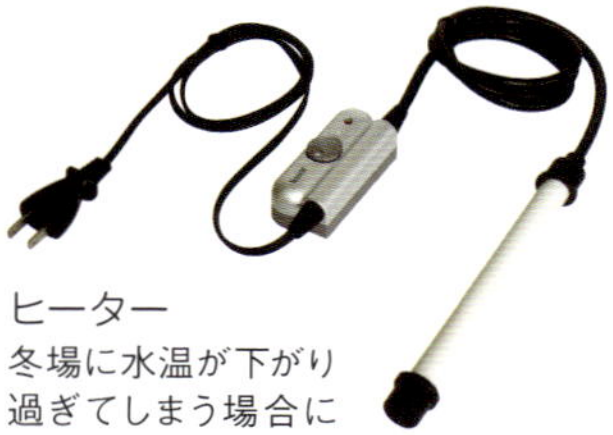

ヒーター
冬場に水温が下がり過ぎてしまう場合に必要。ヒーター単体で用いると水温が上がり続けてしまうので、温度の調整ができるサーモスタットを併用するか、オートーヒーターを用いる

ウパリウムの作り方 HOW TO SET UPARIUM

解説／アクアライフ編集部

ここまでの解説を元に、
ウーパールーパーの泳ぐアクアリウム
「ウパリウム」のセット手順を紹介します

1 水槽を置く

水槽は水平の取れた、強度のある台の上に置こう。また、今回のようにオールガラス水槽を置くときは底面保護用のマットを敷く

水槽底面とマットの間にゴミがないか確認してから水槽を置く。水槽はさっと水洗いしてホコリなどを流しておこう

2 底砂を敷く

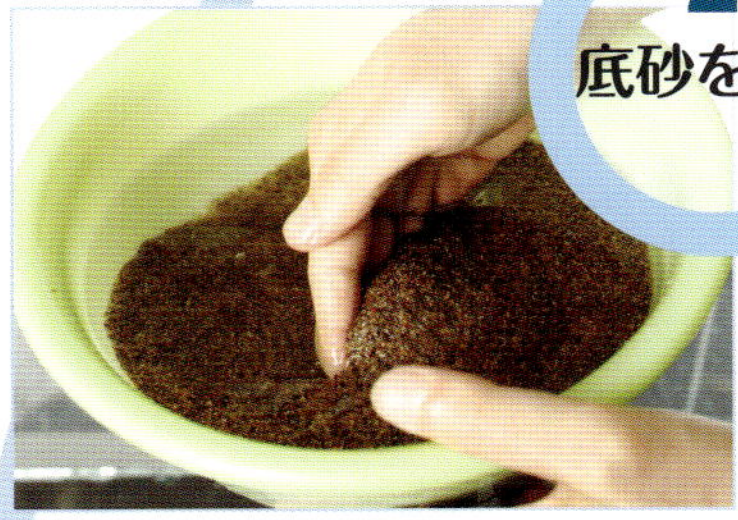

底砂は水槽に敷く前に、容器の中で濁りが出なくなるまですすぐ。これをサボると後で水が濁るので、念入りに！

底砂を敷き、平らにならす。あまり厚く敷くと汚れが溜まりやすくなるので、水草を植えなければ底面ガラスが隠れる程度の厚さでいい

3 水を注ぐ

敷いた砂がえぐれないように、発泡スチロールの板などで受けながら、水道水をそっと注ぐ

中和剤を適量入れて水道水のカルキを取り除く。このとき、重金属除去剤や市販のバクテリアの素などを入れると、なおよい

4 水草でレイアウトする

ここでは、水草を底砂に植えるのではなく、流木に着生させて飾る。用意したのは、流木、アヌビアス・ナナ（左下）、ミクロソルム、ビニタイ

アヌビアスの基部にある太い茎（根茎）を流木に押し当て、ビニタイを数ヵ所巻きつけて確実に固定する

同様の方法で流木に巻きつけたミクロソルムを飾る。これらの水草は数ヵ月も育成していれば、自然に根を出して流木に着生する

5 フィルターをセットする

手軽にセットできて、ろ過能力にも優れた外掛け式フィルターを用いる。その名のとおり、水槽の壁面に掛けて使うフィルターだ

フィルターにカートリッジ式のろ材をセット。ポンプにより汲み上げられた水が、このろ材を通り抜けることで浄化される仕組みだ

フィルターをセットしたら、電源を入れる。ウーパーを入れる前に1～数日、水を回し、器具類に異常がないことを確認できれば安心だ

6 ウーパーを迎える

ウーパーは高水温に非常に弱い。水槽用ヒーターやファンなどをセットしなければ、水温は気温の影響を受けるので、水温計は必ず取り付け、毎日適温を保っていることを確認しよう

ウーパーを購入してきたら、まず袋のまま水槽に浮かべ水温の差をなくす

しばらくしたら、袋を開け水槽に放してあげよう。なお、袋の水はウーパーの排泄物などで汚れているので、水槽にはあまり入れない方がいい

ウーパールーパーとの楽しい生活のスタート！

水槽のセッティングはいかがでしたか？「思ったよりも簡単そう！」という印象を持った方が多いのではないかと思います。使用する電気器具も少なく、気軽に飼育を始められるのは大きなメリットです。ここでは単独飼育の例を紹介しましたが、複数飼育をしたり、レイアウトで遊んだりと、楽しみ方はいろいろ！　ぜひ自分のスタイルに合ったウパリウムを作ってみてください。

水槽サイズ● 46 × 22.5 × 25.7（H） cm
ろ過●外掛け式フィルター
照明● LED ライト
底砂●田砂
水草●アヌビアス・ナナ、ミクロソルム

DATA

最後に水槽のフタを置けばセット完了！　フタとフィルターのあいだに隙間ができてしまう場合は、飛び出し事故を防ぐために板を重ねるなどして塞いでおこう

いろいろなウーパールーパーの飼育例
ウパリウム紹介
UPA RIUM

ウーパールーパーたちが、元気に楽しく暮らしていける水槽「ウパリウム」を紹介します

解説／アクアライフ編集部

UPARIUM 1 DATA

水槽サイズ● 20 × 21 × 28.5（H）cm
ろ過●水中フィルター
底砂●テトラ アクアサンド メダカ

小さなガラス製の器をウーパーの隠れ家に転用してみました。ウーパーの不思議な姿は人工物をレイアウトしても馴染むので、飼育する品種、底砂の色などと組み合わせてコーディネートすると面白いウパリウムができあがることでしょう。

お洒落な小物を用いたウーパーベビーのゆりかご

小さくても複数飼育させると他の個体を噛んでしまうことがある。隠れ家は入れておこう

食べ残した餌が砂利の下に落ちると水質悪化を招くので、アカムシを小皿に入れて与えている

水槽サイズ●32×22×30（H）cm
ろ過●外掛け式フィルター
底砂●クリスタルオレンジ

UPARIUM 2 DATA

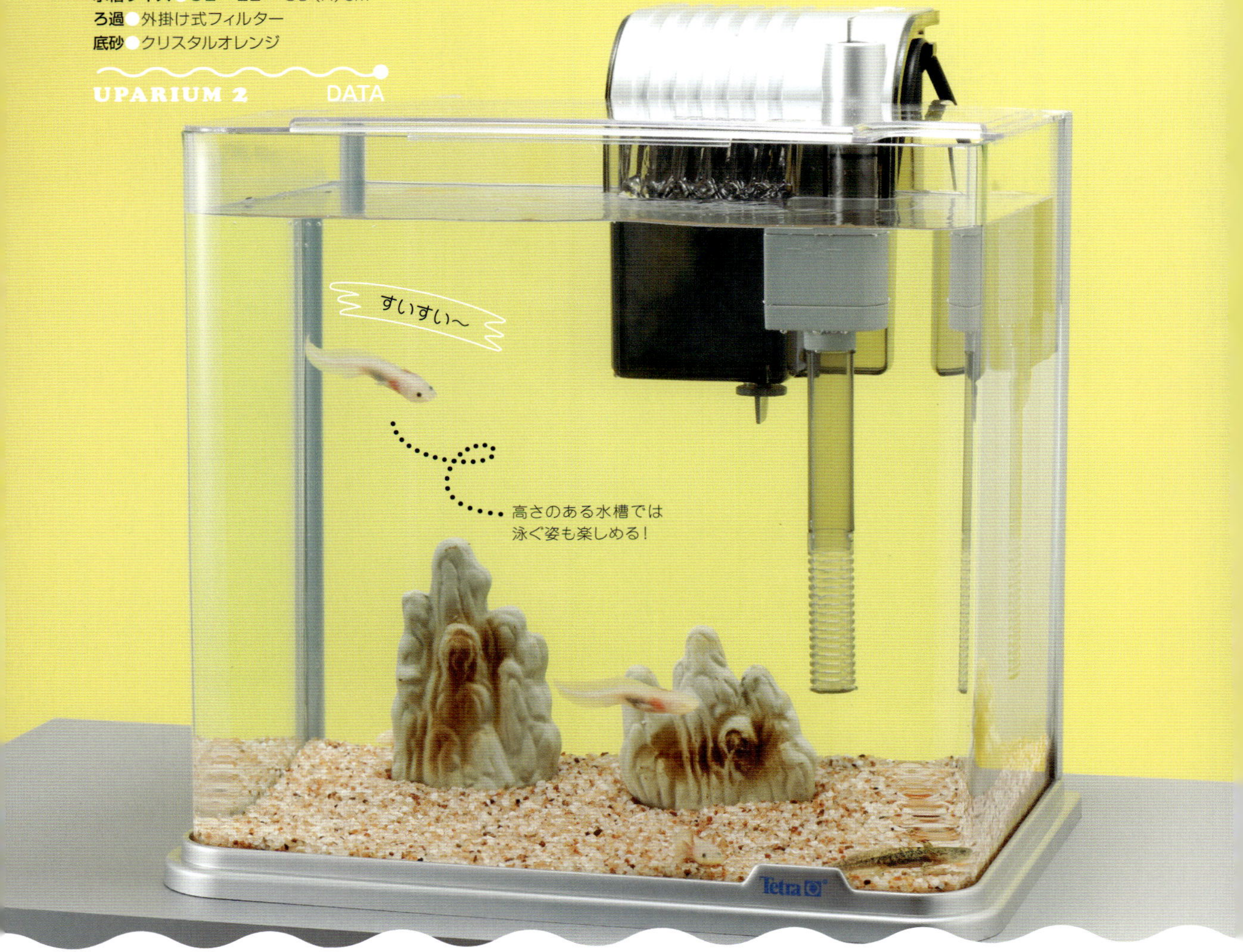
すいすい～
高さのある水槽では
泳ぐ姿も楽しめる！
Tetra

飾り岩を置いたシンプルレイアウト

▶岩は肌を傷つける恐れのないように表面のなめらかなものを選ぼう

◀いろいろなポーズを取らせるためにも岩などのレイアウトグッズは役立つ

ジャンプ！

春先に流通することの多い手足が生えそろった小さなウーパーたちの飼育例。ここでは成長期の彼らのために世話のしやすさを優先して、複雑なレイアウトは避けました。しかし、岩を置いただけでも、よじ登ったり、そこからジャンプしてみたりと、ウーパーたちは立体的な動きで楽しませてくれるのです。

マツモは根を持たない水草。
浮かせてもいい

流木に着生させたアヌビアス。
好きな場所にくっ付けよう！

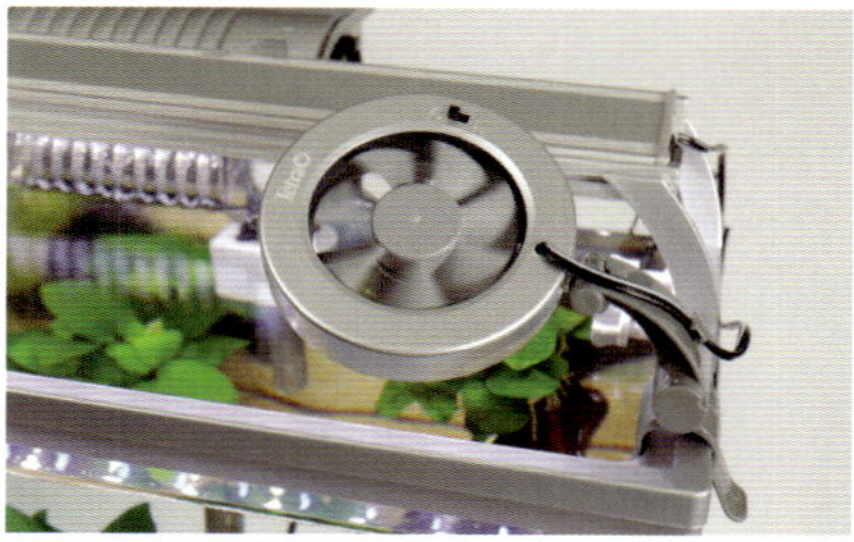

この水槽を設置したのは夏場ということもあって、水槽用のファンと専用のサーモスタットを利用して水温を下げている。また、照明も熱源となるので、使用する場合は写真のように、水槽と隙間を空けて設置できるものを選びたい

緑のあるネイチャーウパリウム

近年、観賞魚の世界では色とりどりの水草を植えた水槽の人気が高まっていますが、ウパリウムにおいても水草を用いることは可能です。おすすめは、流木などに根で着生する性質を持ったアヌビアスやミクロソリウムといった水草で、これらならウーパーに抜かれる心配もありません。水草のグリーンは人の目にも優しく映りますし、ウーパーたちも自然を思い出すのか、心地良さそうです。

水槽サイズ● 52 × 27 × 30（H）cm
ろ過●外掛け式フィルター
底砂●水槽の底砂 川砂
水草●アヌビアス・ナナ、マツモ

UPARIUM 3　DATA

上から見ても楽しめる！

円形のガラス製水鉢にウーパーを入れ、半面には丈夫な水草を植えてレイアウト。上からの観賞が主となるスタイルなので、ブリンドルや体の短いウパルパなどを収容すれば、その魅力をより堪能できるはず！　容器の形状からろ過は投げ込み式などが使いやすいでしょう（P／笹生和義）。

水草を抜かれないように溶岩石で仕切りを作っている

水槽サイズ●φ 30 × 10（H）cm
底砂●水槽の底砂 川砂
水草●ハイグロフィラ・ポリスペルマ

UPARIUM 4　DATA

ウーパールーパーと暮らそう！

ウーパールーパーを水槽に迎えられたなら、楽しい生活のスタートです！　ここでは、健康に飼うために大切な餌やりや水換えについて解説します。そして、ウーパールーパーから飼育者への恩返しともいえる一大イベント、繁殖についても触れてみましょう

日々の世話と繁殖方法

解説／藤谷武史

餌とその与え方

有尾類の仲間は全て完全肉食性の生物です。ということは、そのかわいらしい顔に似合わず(?)、ウーパールーパーも完全肉食性なのです。ちなみにカエル類では、オタマジャクシの時に草食性の強い種類は多く見られますが、変態してカエルになると完全肉食性になります。

　肉食性ということは、人の食用として売られている精肉も食べることができますし、昆虫類や小魚など、小動物も餌として使用できます。

いろいろな生き餌（生物飼料）

　精肉を与えるのなら、鶏のササミ、牛レバー、牛ハツなどが適切です。これらは小さくミミズ状に切り、ピンセットなどで直接口元へ持っていき与えます。これを「さし餌」と呼び、この方法では1匹ずつ餌を食べたかどうかの確認をできるのが利点です。もちろん、他の餌を与える場合にも応用できます。

　小動物では、コオロギ、ハニーワーム、冷凍アカムシ、イトミミズ、メダカ、金魚など、基本的に口に入るサイズであれば何でも食べてくれます。ただし、泳いでいる魚を自力で捕食させるのは難しく、ここで紹介した小動物は基本的にさし餌で与えるのが好ましいでしょう。

個体サイズに応じた給餌頻度と量の目安

　餌を与える頻度は、餌の種類や成長段階で異なります。基本的に成長の初期はイトミミズや冷凍アカムシなどの小さいものを、大きくなるにつれて大きい餌を与えます。

●全長6〜7㌢までの幼体

　毎日1回与えましょう。給餌量は、イトミミズや冷凍アカムシなどの場合、一分ほどで食べきれる量を目安にします。ピンセットで与えるタイプの餌の場合は1回に、ハニーワームやコオロギなら2〜3匹、メダカなら1〜2匹が目安です。

●全長7〜10㌢までの個体

　2〜3日おきに1回与えます。イトミミズや冷凍アカムシの場合、給餌量は6〜7㌢までのときと同様です。ピンセットで与えるタイプの餌の場合は少し多めにし1回に、ハニーワームやコオロギなら4〜5匹、メダカなら3〜4匹が目安です。

●全長10㌢以上の個体

　3〜4日に1回与えます。この大きさになるとイトミミズや冷凍アカムシでは量が必要ですから、大きい餌をメインに与える方がコスト的にもいいでしょう。給餌量は、基本的に数分で食べきれる量を目安にします。金魚なら、個体サイズに応じて2〜4匹程度与えます。

人工飼料は与えやすくおすすめ

　その他に便利なのは、ウーパールーパー専用の人工飼料（固形飼料）です。人工飼料は栄養価も豊富でウーパールーパーも好んで食べます。また、生きた虫や魚を与えるのに抵抗がある方も使いやすいでしょう。

　人工飼料は、口に入れることができるサイズであれば、幼体から成体まで与えられます。ただし、給餌量の見極めが難しく、与えすぎると太らせてしまいます。個体サイズに応じた給餌量と頻度は先述の内容を目安にしながらも、少し抑え気味に与えるのが健康を保つ秘訣だと思います。また、人工飼料と生物飼料を交互に与えると、栄養バランスもより良いでしょう。いずれの餌を与える場合も、個体の体型や体調などをよく観察し、調整することが大切です。

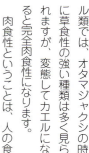

ウーパールーパーの好きな餌

複数飼育していて餌を食べられない個体や、餌に慣れていない個体がいるときなどは、ピンセットなどでつまんで食べさせてあげるといい。口元で軽く動かせば反射的に食いつくはず

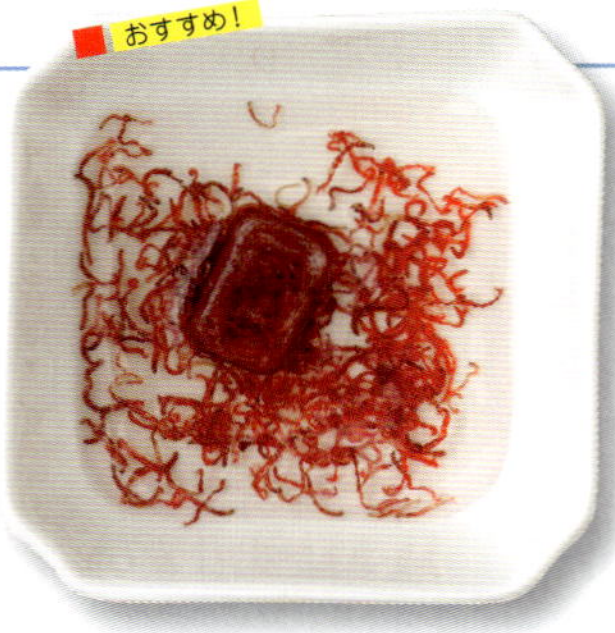

冷凍アカムシ
ユスリカという蚊の幼虫をブロックまたは板状に冷凍したもの。必要な分を別容器で溶かし、ネットで漉してから与えると、解凍時に出るドリップで水を汚さずに済む。観賞魚店で購入可能

ウーパールーパー専用人工飼料
ウーパールーパーの食性、栄養バランスを考えて開発された人工飼料。食いつきの良い商品が多く、生き餌のように管理の手間もないので、手軽に与えられる

ブラインシュリンプ
塩水湖に生息する小型の甲殻類。栄養価が豊富で、ふ化したての幼生の餌として重宝する。観賞魚店などで卵の状態で売られており、塩水の中でふ化をさせてから与える（方法は 47 ページで紹介）

金魚
大型魚の餌として流通。サイズによって、小赤、姉金などと呼び分けることもある。季節の変わり目などは調子を崩していることがあるので注意。状態の良いものを与えたい

メダカ
肉食性熱帯魚などの餌用として、改良品種のヒメダカが流通する。水面近くを泳ぐ傾向があるので、与える場合はピンセットでさし餌をするといい

ハニーワーム
ハチノスツヅリガという蛾の幼虫で、サイズは 2cm ほど。脂質が豊富なので、痩せた個体の立ち上げなどにも重宝する

コオロギ
ヨーロッパイエコオロギ（写真）とフタホシコオロギが入手可能。4 ～ 5mm ほどの小さな個体も流通するので、個体の大きさに合わせて使いたい。ヨーロッパイエコオロギは表皮が柔らかく消化に優れる

イトミミズ（イトメ）
特に、ウーパールーパーの幼生～幼体時に重宝する餌。鮮度の良いものを、十分に洗ってから与える。つついたときにキュッと団子状にまとまるのが、鮮度の良い証拠

水換えの仕方

両生類飼育の心得として、
「餌を切らしても、水を忘れるべからず」
というものがあります。これは、カエルのような陸生種では、餌不足より乾燥の方がダメージを与えてしまうということです。もちろん、ウーパールーパーは水生種なので、水を切らすということはありません。しかし、水質の管理は餌やり以上に重要なのです。そこで必要となる作業が水換えです。

水は透明でも汚れている!?

水換えには目に見える汚れ（フンやゴミ）はもちろん、これらの汚れがろ過バクテリアによって分解された結果、最終的に生じる硝酸塩という物質を取り除く意味もあります。

この硝酸塩はアンモニアなどに比べると無害とはいえ、量が多くなると危険で、ウーパールーパーが体調を崩す原因となります。この物質は水に溶け込んでいるため、一見水は透明でも、水質的にはとても汚れているという状況があることに気をつけねばなりません。ちなみに、水槽の中に黒いヒゲ状のコケが殖え始めたら硝酸塩が蓄積しているサインです。こういった兆候が現れる前に、早め早めに換水を行なうことが大切です。

フィルター別水換えの目安

水換えの頻度や量は、ろ過器や飼い方によっても変わってきます。

ベアタンクの水槽では汚れも目立つので吸い出しやすいでしょう。底砂を敷いた水槽では、底砂の項でも書いたように砂中に汚れが溜まるため、換水時に底砂クリーナーを使って水と共に吸い出す必要があります。

新たに追加する水は、セット時と同様、塩素を中和した水道水を用います。このとき、元の飼育水と新しい水の水温差をなるべく小さくなるように調整すると、ウーパールーパーの負担を抑えられます。

スポンジ&投げ込み式フィルター

スポンジフィルターや投げ込み式などの簡易的なろ過器を使っている水槽では、5～7日に1回、飼育水の半分～7割ほど交換します。スポンジフィルターは毎回、水換え時に取り外し、バケツなどにとった飼育水の中で軽く揉み洗いをします。

上部式&外部式フィルター

ろ過容積に余裕のある外部式や上部式フィルターを使用した水槽では、1週間に1度、1/3程度を交換します。これらのフィルターは2～3ヵ月を目安に取り外し、ろ材とパーツ類の清掃を行ないます。

なお、以上はあくまで目安で、換水の頻度は、水槽の大きさ、飼育個体のサイズと数、与えている餌の種類や量によっても変わるので、水、そしてウーパールーパーの動きなどから、自分の水槽に合った換水方法を見極めましょう。

ろ材の洗浄

ろ材を洗浄する時は、必ず飼育水を使うことがポイントです。水道水を使って洗うと、塩素などの影響でせっかく繁殖して住み着いたバクテリアの大半が死んでしまいます。

その他、活性炭などの汚れを吸着する働きを持つろ材を使用している場合は、定期的に交換することでその効果を最大限に発揮できます。

底砂クリーナーを使えば、底砂の汚れと水を同時に排出できる。細かな砂を敷いている場合は、ホースを握って排出する水の勢いを弱めるといい

フィルター掃除術！

水換えと並んで大切なのが、フィルターのメンテナンスです。ろ材を定期的に洗浄することで、ろ過能力を引き出し、水質を良好に保てます

投げ込み式フィルター

掃除の目安
- ケース内のろ材が見た目に汚れている
- 本体カバーのスリットが目詰まりを起こしている

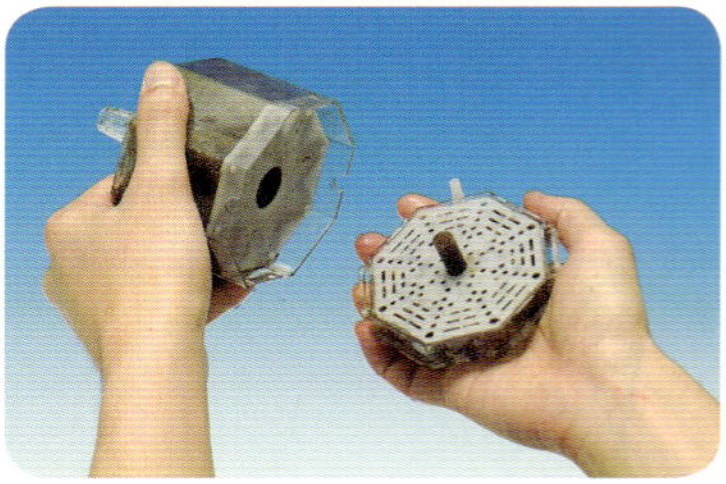

本体カバーを取り外し、中のろ材を飼育水で軽くもみながら洗う。数回洗うと形が崩れてくるので、そのときは交換する

長期間使うとプラストーンが目詰まりを起こして、排出される泡が大きくなる。定期的に交換しよう

スポンジフィルター

掃除の目安
- 水流が弱まった
- 出てくる泡が大きい

ろ過の心臓部であるスポンジは、飼育水の中でもみ洗いする

パイプ接続部のスリットに汚れが詰まると泡の出が悪くなるので、爪楊枝などで取り除く

キスゴムは長期間使用していると硬くなって吸着力が落ちてくる。時折り交換しよう

ろ材の洗い方の基本

物理ろ材の場合

汚れを濾し取るのが目的の物理ろ材は、消耗品と割り切ってどんどん洗おう。1～2回洗ったらへたってくるので新品に交換する

生物ろ材の場合

水道水で洗うと塩素の影響で、ろ材に住み着いたろ過バクテリアが死んでしまう。飼育水をバケツなどにとり、その中で洗う

生物ろ過の仕組み

水槽の中ではフィルターなどに付着したろ過バクテリアが水質を浄化しています。ここではその流れを図示しました

餌を与える

ウーパールーパーの体内で代謝され、フンとして排出される

アンモニア

アンモニアは毒性が強く、多量に存在すると危険

ニトロソモナスの働き

ニトロソモナスというろ過バクテリアが、アンモニアを亜硝酸に変換する

亜硝酸

亜硝酸はアンモニアよりは毒性が低いが、飼育水中に存在するのは好ましくない

ニトロバクターの働き

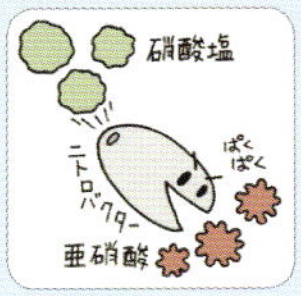

ニトロバクターというろ過バクテリアが、亜硝酸を硝酸塩に変換する

硝酸塩

硝酸塩は比較的無害な物質だが、それでも蓄積すると害となるので水換えで取り除く

水槽に蓄積　　一部は水草が吸収

コケの原因

水換えしよう！

上部式フィルター

掃除の目安

- マットに溜まった汚れが目立つ
- 揚水量が低下している

外掛け式フィルター

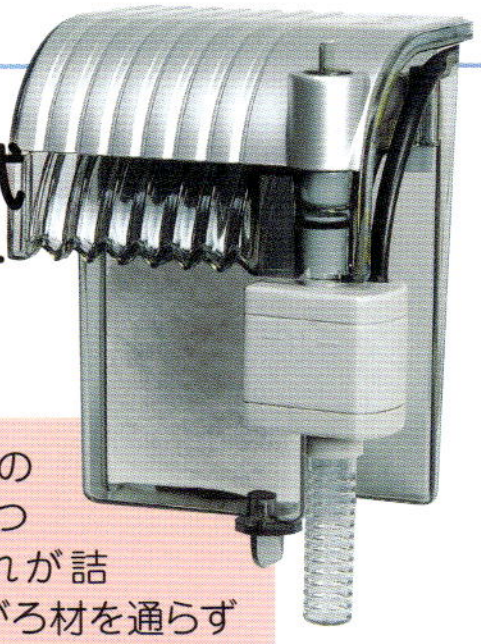

掃除の目安

- ろ材マットの汚れが目立つ
- ろ材に汚れが詰まって、水がろ材を通らずにサイドから抜けている

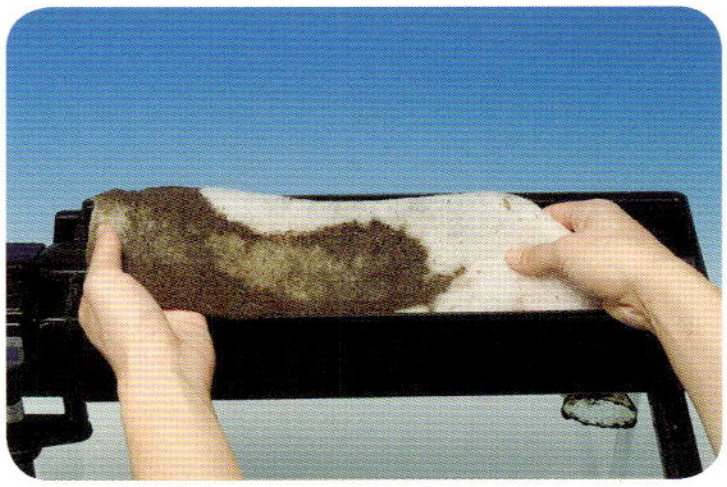

ろ材のいちばん上層に敷いたウールマットは汚れが溜まるのも早い。まめに洗浄・交換しよう

生物ろ過の役割を果たすリング状ろ材などは、バケツの中などで飼育水を使って洗う

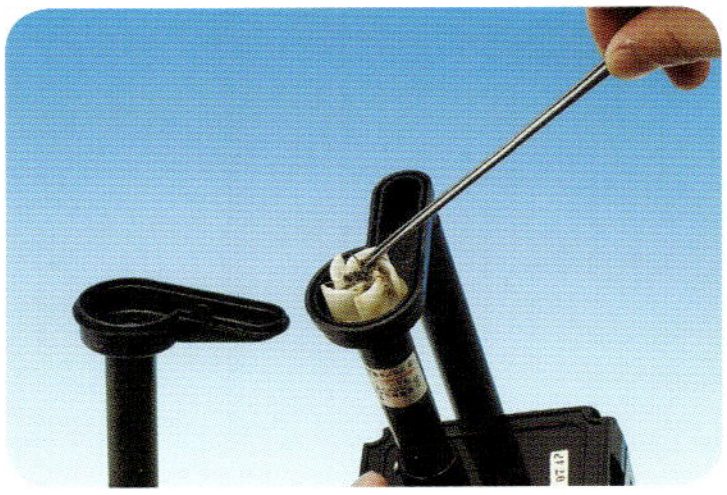

インペラーに水草の繊維などが絡むと揚水量が低下する。時折り、分解して取り除くといい

このタイプのろ材は中に活性炭が含まれているので、定期的に交換することで、最大限のろ過能力を発揮できる

歯ブラシや専用のパイプクリーナーを使って、パイプとインペラーを洗浄する。インペラーは運転音が大きくなったり、流量が減ってきたら交換しよう

フィルター本体に付いたコケや汚れも歯ブラシなどでしっかり磨いておく

繁殖

オス・メスの見分け方

ウーパールーパーの雌雄は、成体になった時にしか見分けられません。しかも、繁殖期になって初めて性的二形（せいてきにけい。性別によって個体の姿、形態が異なること）が現れます。そのため、普段の飼育環境では成体でも性差が外見にはっきり表れないので、発情を促すような飼い方をしなければなりません。

さらに、ショップでは多くの場合、10センチ以下の幼体が売られています。繁殖を目指すにあたっては、雌雄が揃うように、数匹をまとめて購入する必要があるでしょう。

性的二形は、特にオスが顕著に表します。発情したオスは、総排泄腔のまわりがぽっこりと隆起し、尾が垂直方向へと肥大します。発情したメスは、お腹がふっくらとし、オスに比べて丸みを帯びた体つきになります。

複数飼いしている場合、雌雄の判断が付いたら、なるべく1ペアのみで飼育し、繁殖に備えましょう。

繁殖用水槽のセッティング

●産卵床

基本的には普段の飼育水槽でそのまま繁殖させることが可能です。ただし、ウーパールーパーは物に卵を産み付ける性質があるので、必ず水草などの産卵床を用意する必要があります。ベアタンク水槽では、流木に活着させた水草、ポット（鉢）に入れて固定した水草などを入れるとよいでしょう。試したことはないですが、水草に見立てて束ねた毛糸も使えるかもしれません。

産卵床に使う水草はレイアウトの項でも紹介したとおり、丈夫な種類がおすすめです。流木に活着するアヌビアス・バルテリーやミクロソルムなどは扱いやすいでしょう。その他、カボンバやオオカナダモなどの長さのある有茎草も適しています。

水草はちょっと扱いにくいという方は、プラスチック製のイミテーションプランツ（人工水草）にも産卵するので、これも有効です。私もこのイミテーションプランツを重宝しています。

また、産卵前にはオスがメスに対してディスプレイ（アピール行動。後述）を行なうため、スペースが必要です。産卵床やシェルターを作りながらも、成体の全長約2・5匹分ぐらい、平らで何もないスペースを確保しておきましょう。

●水槽サイズとその環境

1ペアのみで飼う場合、60センチ以上の水槽を用います。先述したとおり基本的には1ペアの方が管理しやすいのですが、90センチ以上の水槽であれば、2〜3ペア飼育しながら繁殖させることも可能です。

繁殖用水槽では強い光、照明は極力避け、薄暗い状態を保つようにします。産卵行動は昼間でも見られますが、夜間の方が

オス・メスの特徴

成熟した個体では卵を持つために、お腹がふっくらとする。総排泄腔の周囲は膨らまない

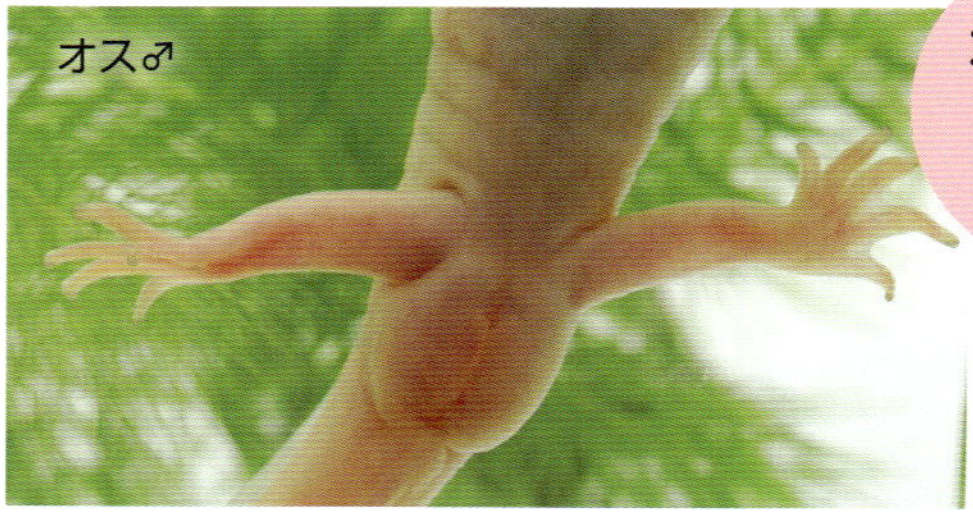

発情すると、総排泄孔の周囲がぷっくりと膨らむ。また、尾がタテに肥大する

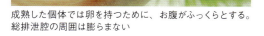

ウーパールーパーの繁殖用水槽例
マツモ、ウィローモスなどの丈夫な水草を産卵床に用いた例。水温計も忘れずにセットして、ウーパーの動きと合わせてチェックしよう

より活発になるため、夜間に部屋の明かりの影響の少ない場所に設置するとよいでしょう。

繁殖を促す飼い方

日本でのウーパールーパーの繁殖期は11～6月ですが、常に一定の水温で飼育している状態で繁殖させることは極めて困難です。ウーパールーパーは、水温の変化によって発情し、その結果、性的二形が現れてくるためです。

つまり、繁殖は年間を通じての水温の変動、「冬場の水温低下と春先の水温上昇」が必要になります。具体的には、夏から秋にかけて23～26℃で飼育していた状態から、徐々に水温を低下させていき、12月初め頃までに10～15℃にします。すると、オスの二次性徴が現れ始め、メスは体内に発達した卵を宿し、体が丸みを帯びてきます（時には春を待たずして、すぐに産卵することもあります）。

そして、1～2カ月間その水温を保ったら、今度は春から初夏にかけて水温を徐々に上昇させます。春頃までに水温を18～23℃まで上昇させると、オスによる求愛行動が始まり、産卵に至るでしょう。

このように水温の年間変動が繁殖には重要なのですが、おそらく「18℃前後の温度帯」が大きな要素になっていると思われます。つまり、雌雄ともに18℃をまたぎ水温が低下することで繁殖に備えた体に変化し、さらにその後、18℃をまたいで水温が上昇することでオスによる求愛行動が促され、産卵に至るということです。

なお、水温の上げ下げは、水槽の置き場所で調整するのがいちばん簡単でしょう。あらかじめ、外気の影響を受けやすい場所に水槽をセットしておけば、エアコンの影響などを受けにくく、繁殖のカギとなる水温低下を実現しやすくなります。さらに、水槽用のヒーターやクーラー、ファンなどを活用して温度をコントロールすれば、より確実に繁殖行動を促せるでしょう。

繁殖行動の実際

ウーパールーパーは体内受精を行なう生き物です。両生類の中には体外受精を行なう種類も数多く存在します。カエル類は基本的に全て体外受精ですが、有尾類ではサンショウウオ科やオオサンショウウオ科、サイレン科（体外受精と思われているが生態が不明）を除いて、ほとんどが体内受精です。

ウーパールーパーのオスは発情すると、メスの周りを歩き回り、メスに鼻先を当てたりします。時にはメスにお尻を向け、尾をくねらせてディスプレイします。この時、オスは動きだけでなく、刺激物質を排出してメスを誘発していると考えられています。

メスはこれをきっかけにオスに付いていきます。すると、オスは精子の入った袋（精包）を放出します。これをメスが総排泄腔から取り入れ受精させるのです。このようにオスがメスに対して包接行動を取らない点も特徴です。無事精包を受け取ったメスは数日後、約３００～８００個の卵を産み、流木や水草などに付着させます。

オスの排出した精包はいくつか水槽内に残されていることがあります。これは繁殖行動のあったサインなので、産卵が近いことを知ることができます。

卵の管理

産み付けられた卵は、親と分けて管理しましょう。卵を分ける際は、水草などの産卵床ごと別の水槽に移して問題ありません。

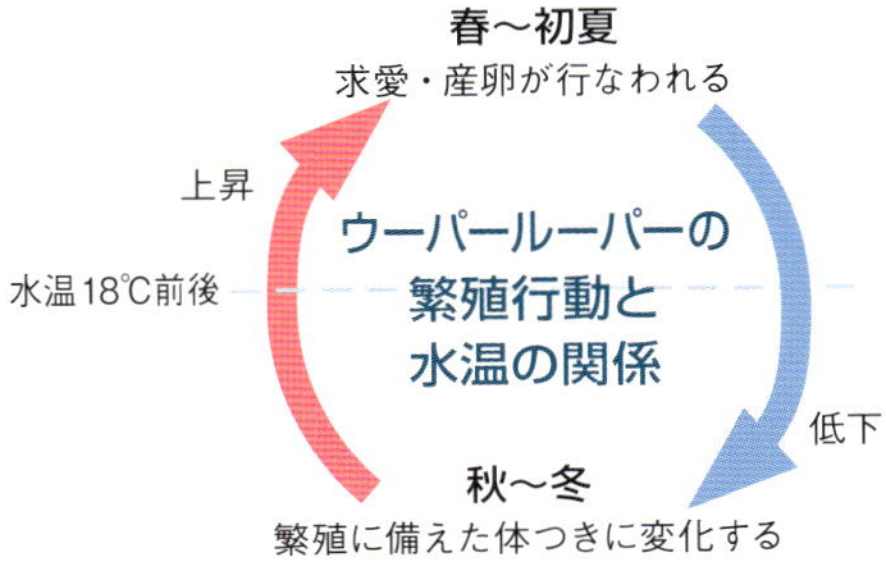

ウーパールーパーの卵の発生と幼生の成長

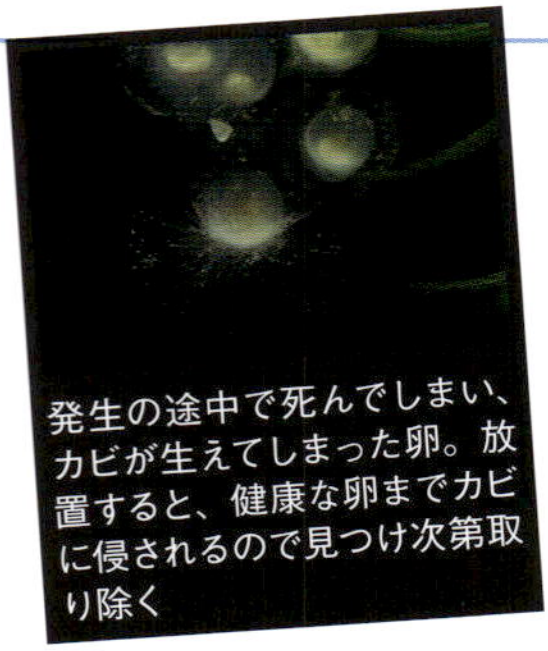
発生の途中で死んでしまい、カビが生えてしまった卵。放置すると、健康な卵までカビに侵されるので見つけ次第取り除く

1 卵。透明なゼラチン質に覆われている

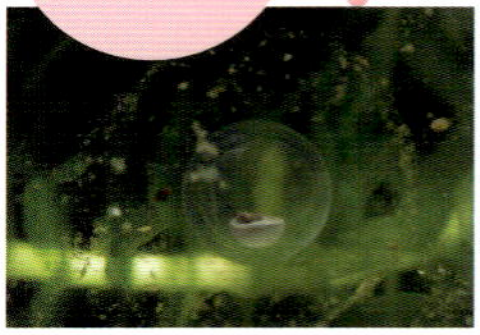
2 神経胚期。次第に前後に長くなっていく

3 尾芽胚期。写真手前側が頭になる

4 ふ化を待つばかりの幼生。足こそないが、ほぼウーパーの姿に!

5 ふ化したての幼生。まだ尾に色は付いておらず、透明

6 ふ化後4〜7日ほど経つとブラインシュリンプを食べ始める

7 前肢が生えてきた2.5cmほどの幼生。ここまで育てば、食べる餌の量も増えていく

卵育成用の水槽は、砂利を敷くと幼生がふ化をした時に管理しにくいので、ベアタンク方式がよいでしょう。

管理中に、途中で死んでしまった卵や無精卵を確認できることが多くあります。そのような卵は気がついた時点で速やかに取り除きましょう。健康な卵にカビが付く原因になるためです。万が一カビた卵を発見した場合には、必ずカビごと取り除きましょう。

卵管理水槽は、ベアタンクにスポンジフィルターを取り付け、水深は管理しやすさを優先して15センチ程度にします。水温は18〜23℃に設定しましょう。水槽はなるべく光の当たらない場所に置き、特にアルビノの場合、卵の発生過程で色素の沈着が起こらず、紫外線に非常に弱い傾向があるので、日光は極力避けます。水温の上昇も酸素が欠乏気味になる恐れがあるので、気をつけましょう。卵はおよそ2〜3週間でふ化に至ります。

幼生の飼育

●飼育水槽

ふ化した幼生はベアタンク方式で飼いましょう。卵管理水槽と同様にスポンジフィルターでろ過を行ない、水深は15〜20センチ程度、水温は18〜23℃に設定します。

水槽の大きさは、生まれたての幼生なら60センチ水槽に300匹収容しても大丈夫ですが、ウーパールーパーは非常に成長が速いため、1カ月もしないうちに水槽を増やし、幼生を分けなくてはいけません。ここで役立つのが、水槽の項で紹介した衣装ケースです。これは底面積が広く、安価なため、幼生用のケースとしては最適だと思います。

水換えは餌をやり始めてから行ないます。5日に1度、8割ほど交換するようにしましょう。

●餌

幼生の餌は、成長に合わせて適したものを用意する必要があります。

ふ化初期

卵からふ化したばかりの幼生は1・2センチほどで、この時はお腹に栄養を持っているため、餌を与える必要はありません。

ふ化後4〜7日

餌を食べ始めます。ふ化した

ての生きたブラインシュリンプか、もしくはイトミミズを、1日1回、数分で食べきれる分だけ与えます。成長につれて食べる量も増えてくるので、食べ具合を見ながら1日2回与えてもよいでしょう。ただし、残った餌は水を悪くするので、注意します。

全長5㌢ほど

冷凍アカムシに切り替えます。この頃になると共食いを始めるので、いくつかの水槽に分けて飼いましょう。

全長8㌢以上

メダカやハニーワーム、小さいコオロギなどをさし餌で与えられるようになります。この頃に人工飼料に切り替えるのもいいでしょう。全長12㌢ほどになれば、金魚など何でも採食可能になります。ウーパールーパーは生後およそ1年で全長約15㌢になり、性成熟を迎えます。

●病気

ふ化後1ヵ月間は弱く、非常に病気にかかりやすいので注意が必要です。よく見られるのは、細菌感染により腹部に気泡が溜まって水面に浮いてしまったり（ガス症）、カビなどに侵されてしまうケースです。これは主に、水質の悪化が原因と思われます。

ガス症にかかった個体は別の水槽に分け、観賞魚用の治療薬「グリーンFゴールド」を魚の投薬量の1/3に薄め、薬浴します。カビの場合は、「グリーンFリキッド」を魚の投薬量の1/3に薄め、薬浴します。

病気の発生は、水質悪化の他に過密飼いも原因となります。病気が発生し始めたら、幼生を分けて飼育密度を減らしましょう。

ベビーの主食 ブラインシュリンプの与え方

❶用意したもの
ブラインシュリンプの卵、食塩、空のペットボトル（フタはエアチューブを通せるように、キリなどで穴を開けておく）、エアチューブ

❷塩を入れる
水1ℓ当たり20gの食塩を溶かす

❸ブラインシュリンプの卵を入れる
水1ℓ当たり1gが目安

❹エアレーションをかける
ブラインシュリンプは、28℃程度の水温で約24時間エアレーションするとふ化をする

❺卵の殻を分離する
ふ化が確認できたら、エアレーションを止めてしばらく放置。すると、卵の殻が水面に浮かび、ふ化した幼生は水底に集まる

ふ化容器の保温方法

ブラインシュリンプは28～30℃の水温でふ化率が高まる。そのため、気温の低い時期は、パネル型ヒーター（写真右）を使ったり、ヒーターで加温した水槽の中に入れるとよい（左）

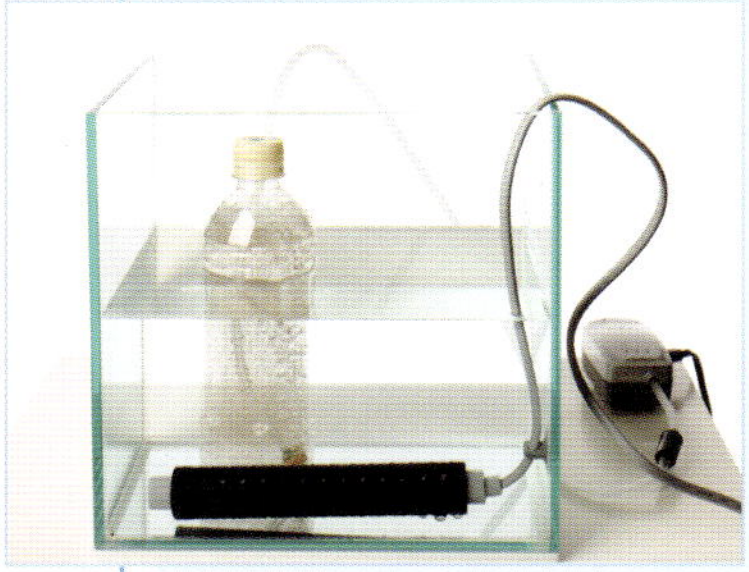

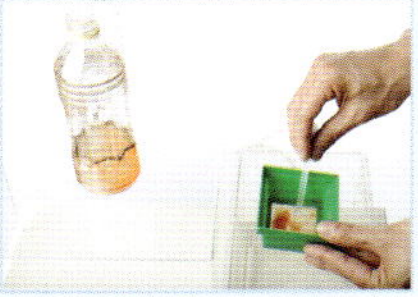

❻幼生を吸い出す
水底に集まった幼生を吸い出して、市販のブラインシュリンプ濾し器で濾す。卵の殻を与えると、詰まらせたり、水質の悪化を招くので、なるべく吸わないように

❼幼生を洗う
ふ化に使った塩水を水道水で洗い流す。濾し器を直接、水道から出る水にかけてもかまわない

❽幼生を吸い出す
洗浄が済んだら、スポイトで幼生を別の容器に吸い出してから与える。幼生は水道水の中でもしばらく生きている

スポイトで餌やりをする永島さん。上から餌を与えることで、立ち姿をよく見せてくれるようになるのだとか

ウーパーの立ち姿は悶絶しそうなほどのかわいさです！

リューシスティックのアンドレ。
永島さんが最も気に入っているのが、
この「餌くれアピール」の仁王立ち。「かわいい顔に似合わず、
餌への執着心がハンパないところが、またいいんです（笑）」

ウーパールーパー
愛好家宅訪問
東京都
永島亜紀さん

取材／アクアライフ編集部
Thanks ／うぱるぱ屋

おとぼけ顔にひと目惚れ

「立ち姿がかわいいんですよ。ほら、幼児体型なお腹とか…」

そう言って、スポイトを使って餌を1粒ずつ与える永島さん。そのていねいな動作から、ウーパールーパーをとてもかわいがっている様子が、ひと目で見て取れる。

永島さんのウーパー飼育歴は3ヵ月ほど。これまで柴犬、文鳥、デグーなどをペットとしてきたが、ある時、友人が飼育中のヒョウモントカゲモドキを見て「毛のない動物の魅力」に気付いたそう。しかし、「餌が虫」であることを聞き断念。それでもヒョウモンへの憧れは捨てきれず、両生類・爬虫類をネットで検索したところ、ウーパー専門店のHPに辿り着いた。

「そこで見たリューシスティックの黒目のかわいさ、おとぼけ顔にひと目惚れしてしまって…」

さっそく飼い方を尋ねると、餌は人工飼料でよいこと、普段の換水を欠かさなければ丈夫な生き物であることを聞き、ひと安心。ウーパーとの生活を始めたのだった。

餌やりは楽しい時間

しかし、水棲生物を飼育するのは初めてということもあって、戸惑うこともあったという。例えば、餌の量の加減がわからず、食べるだけ与えていたら、下痢をさせてしまったなんてことも。

そこで、与えた餌の量を毎日カレンダーに

陶器製の人形に乗っかった姿がシュールで、おかしい。「このとぼけた笑顔が最大の魅力ですね」

ブラックのオスカルは飼い始めて２ヵ月ほど。リューシスティックに比べて少しおとなしい性格をしているそう

永島さんの60cm ウパリウム

換水時に使う水質調整剤と与えている餌。ウーパーのサイズを考慮して、「ひかりウーパールーパー」の小粒の方を１日１回10粒与えている

２匹のウーパーは、水中フィルターをセットした60cmらんちゅう水槽でそれぞれ単独飼育。「パッと見で面白い水槽」を目指してレイアウトしたそうで、ハムスター用の隠れ家（尖った部分のないもの）を流用している。この不思議な世界観がウーパーによく似合っていた

書き込み、また、週に1回は餌を与えない日を設けるなどして、ウーパーの健康状態に気を配るようにした。給餌にスポイトを使っていたのもこのためだ。しかし、永島さんはこれを手間とは感じておらず、むしろ楽しそう。
「餌やりは、ウーパーといちばん交流できる時間ですからね！」

まめなメンテで、かわいく育つ？

さて、水槽に目を向けてみると、底面にウールマットが敷かれていることに気付く。以前、ベアタンクで飼育していた際にウーパーの足にゴミが付きやすく、見つけてはスポイトで吸い取っていたそうなのだが、全ては取りきれないので、マットを敷き2週間に一度交換するようにしたのだとか。犬猫のトイレシートのような使い方だ。

それでも、フンは見つけ次第取り除き、さらに2日に1回1/3の換水は欠かさないと、とにかくまめに手をかける永島さん。その世話の賜物か、愛情に応えてか、ウーパーたちは外鰓のきれいに伸びた愛らしい姿を見せている。

「今度は水槽をもう1本増やして、マーブルを追加しようって」

そう笑いながら餌やりの準備をする永島さん。すると、その動きを察知して、顔を上げて待つウーパーの姿が…。直接触れ合うことはできなくても、ガラス越しにコミュニケーションは成り立っているように感じられたのだった。

ウーパールーパー
愛好家宅訪問
埼玉県
大門慶子さん

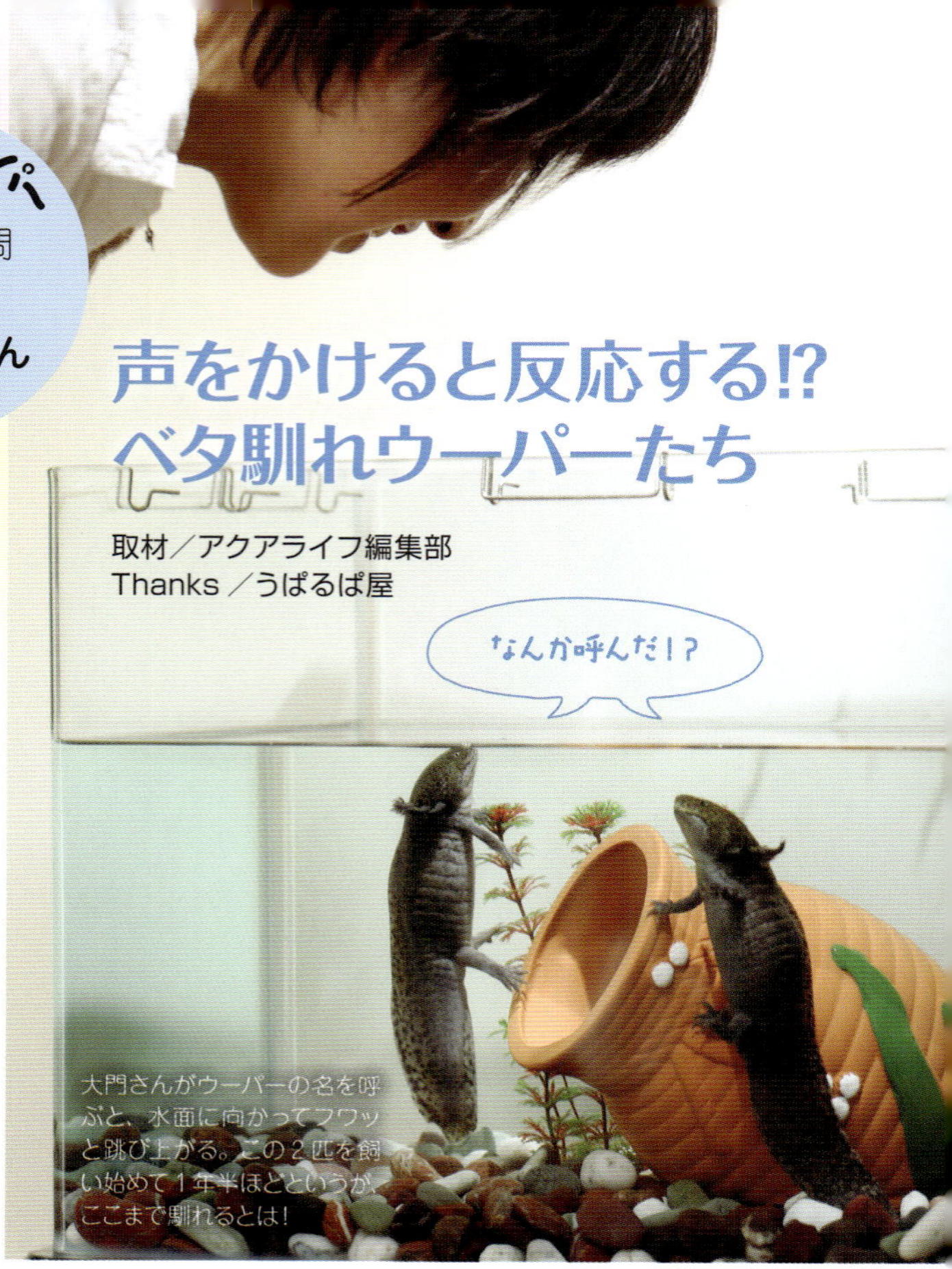

声をかけると反応する!? ベタ馴れウーパーたち

取材/アクアライフ編集部
Thanks/うぱるぱ屋

大門さんがウーパーの名を呼ぶと、水面に向かってフワッと跳び上がる。この2匹を飼い始めて1年半ほどというが、ここまで馴れるとは!

マーブル同士の交配でも子供の色彩は様々なのが興味深い。写真はマーブルらしい個体

マーブルだが、上の個体と比べると黒斑のサイズが小さいかな? 成長によっても変化するだろうから楽しみ

意外にもリューシスティックが7匹産まれている。この個体は背中の模様にマーブルの影響が感じられる

繁殖にも成功! いろんな子供が産まれたよ!

声が聞こえるウーパールーパー?

「呼ぶと寄ってくるんですよ!」

そう言って、2匹のウーパールーパーの名前を呼ぶ大門さん。すると、ウーパーたちが大門さんの顔を向いてムクッと立ち上がる。おぉ、本当だ! 動きに反応している部分もあるとは思うが、ベタ馴れしていることには変わりない。

元々、この2匹は大門さんが勤めるホームセンター内の園芸店に、スポット商品として入荷したもの。しかし、売れ残ってしまい、一時的に店舗の隅に置かれた水槽に入れておくことになったのだが、そのまま2ヵ月もの間、放置されてしまったのだとか。それを知った大門さんは、「助けてあげなきゃ」と、家に持ち帰り飼育することを決意したのだという。

「後悔するのはイヤなので、やってあげられることは全部やろうと思ったんです」

飼育の基本は観察!

その後、大門さんがどれだけ手をかけてきたのかは、その姿・反応の良さを見れば自ずとわかる。水槽放置事件こそ不運ではあったが、大門さんに引き取られることになってウーパーたちにとってはむしろ幸せといえるかもしれない。

大門さんは大の生き物好きであり、魚、ハムスター、犬・猫など、様々なペットを飼ってきた。極めつけは息子さんが捕まえてきたカナヘビまで繁殖させたというから飼育のセ

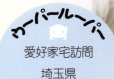

よく馴れたウーパーたちは様々なポーズを取ってくれる。「最初は気持ち悪いと言っても、面白がってくれる人が多いです」と大門さん。2人の息子さんもお母さんの影響を強く受けたようで、学校では生物部に所属しているそう

親を飼育している60cmレギュラー水槽。ろ過には水中フィルターを使用し、出水パイプを下に向けて水流を弱めている。また以前はベアタンクだったが、現地の環境を考慮して、飲み込まれる心配のない大きめの砂利を敷いたところ、水の透明度が増したという

メスのジョニー（左）とオスのアポロ（名付け親は息子さん）。大門さんは2匹を引き取って以来、「離すのはかわいそう」と混泳させているがケンカもなく、写真の通りの仲の良さで繁殖にも成功した

大門さんの
60cm
さパりさん

ンスも良いのだろう。

水槽を見れば、敷かれた砂利の隙間に全くといってよいほど汚れがなく、日頃からまめに管理されていることが伺える。

これは水が汚れると尾が溶けるためで、3日に1回の水換えと、週に1回のろ材の洗浄は欠かさないというから、清浄な水質が保たれているようだ。

「バラの病気も早期発見・治療が第一。5分でも10分でも観察して、すぐ対処するのが大切なんです」

園芸店に勤める大門さんならではの言葉だ。ウーパーが小さかった頃は、いつでも見られるように水槽を食卓テーブルの上に置いていたというから徹底している。

ベビーのもらい手は…

そんなていねいな管理の賜物か、なんと繁殖にも成功。産み付けられた卵の中で、胚が細胞分裂していく様子は神秘的だったそうで、

「卵の中から子供が出てくる瞬間を見たくて、水槽の前にへばりついていました」

と笑う。観察命（?）の大門さんらしいエピソードである。

現在、27匹のベビーが育っており、手をかざすとピクッと上を向く仕草などは、親の動きまで遺伝している？ なんて思ってしまうほどのかわいさだ。大門さんはベビーたちの引き取り手が見つかるか心配されていたが、このウーパー親子の愛らしい動作・ポーズを見れば、きっと新しい家族として迎え入れたくなることだろう。

ウーパールーパー
愛好家宅訪問
千葉県
堀川翔悟さん
好《このみ》さん

取材／アクアライフ編集部
Thanks ／うぱるぱ屋

いろいろ試しながら、ウーパーたちが快適に暮らせる環境を！

▶３匹のウーパーが収容された堀川さんのメイン水槽。きれいに伸びた外鰓はケンカなどなく、状態良く育成できていることを物語っている

▶「元々生き物を育てるのが好きだった」という堀川さん。奥様の好さんもウーパーそれぞれの性格をよく把握しており、２人で飼育を楽しまれていることが伝わってきた

◀堀川さんが最初に飼育したリューシのウパ子（もしかしたらオス？）。性格がややきつく単独飼育中だが、写真の通りのひょうきんな姿を披露してくれる

たくさんの品種を飼ってみたい！

水草でレイアウトされた水槽でウーパーの複数飼育を楽しむ堀川さん夫妻。飼育歴は半年ほどだが、ウーパーの飼育個体数は早くも5匹目を数えるほどの熱中ぶりだ。

堀川さんがウーパーの飼育を始めたのは、奥様の好さんが美容室で見かけて以来、ずっと気になっていたというリューシスティック（以下、リューシ）を誕生日にプレゼントしたのがきっかけだ。しかし、実際に飼ってみると、堀川さんの方がハマッてしまったのだとか。

「こんなにいろんなカラーやレアな品種がいるとは思わなくて」

さらに、ショップでウーパーたちが複数収容された水槽を見かけたことも後押しになった。

「まだまだ水槽に入るじゃん！」

こうして、堀川さんのウーパー複数飼育が始まったのだった。

複数飼育の実際

ウーパーの複数飼育については、いくつかのセオリーのようなものが知られている。例えば、アルビノやゴールデンなどの視力の弱い品種は他の個体を誤って噛んでしまうので、複数飼育には向かないといった具合に。しかし、何事も試してみないと気がすまない性分だという堀川さんは、リューシの泳ぐ水槽にゴールデン、ブラックを追加。すると、意外にもリューシの気が荒く、別水槽で単独飼育

普段から水槽をよく泳ぎ回っているというブラックのウパオ。「もっと写真撮って！」と言わんばかりにポーズを取ってくれた

▲控えめな性格をしているマーブルのゴマ。ブロックを自分の部屋と思っているのか、隠れがち

◀エアレーションの水流に乗って気持ち良さそうなゴールデンのモネ。混泳中のアカヒレは食べられることなく、仲良く（？）泳いでいる

堀川さんの60cmタンク

60cmレギュラー水槽で3匹のウーパーを飼育。ろ過は上部式と底面式を併用した万全のスタイルで、水換えは2週間に1回¼程度で維持できている。底砂にはソイルを敷いているが、飼育には問題ないそうだ。水草は低光量でも育つ種類が中心

上写真の60cm水槽に設置されたサテライト（外掛け式の飼育ケース）では、外鰓が黄色く染まる「ライオン」と呼ばれる個体を飼育中。とても珍しい表現だ

することになってしまった。このことから、

「品種というより、個体ごとの性格の差が大きいのでは？」

と堀川さんは考えている。現在、この水槽にはリューシの代わりにマーブルが迎えられているが、トラブルなく飼育ができているのを見ると、それもうなづける。

また、スポイトを使って個体ごとに給餌していることも混泳を成功させる秘訣かもしれない。こうすることで、餌と間違えて他の個体をかじる心配もなく、餌を食べた量を把握できるので、健康維持に役立つというのだ。

外鰓をきれいに伸ばすには？

こういった気遣いの結果だろう、混泳させているにも関わらず、ウーパーたちの外鰓はみなきれいに伸びていたのが印象的だ。また、その要因のひとつとして考えられるのが水質の良さである。堀川さんの水槽はろ過器を併用し、十分なエアレーションを効かせるなど、その管理にはこだわりが見える。

「暇があれば、水質について調べていましたから！」

これまで堀川さんはビルマニシキなどの大型ヘビを始め、爬虫類の飼育歴はあったものの、水生生物を飼うのはウーパーがほぼ初めてとのことで、かなり勉強されたのだとか。その持ち前の探究心の強さが、水槽のシステムにも現れているのだろう。ぜひ、このままウーパーたちが快適に過ごせる飼育法を追求していただきたいと思う。

ウーパールーパーの写真を撮ろう！

その姿はもちろん、動きに至るまで、全てがかわいい！
ウーパールーパーを写真に収めたいという方も多いでしょう。最近は誰もが手軽に写真を撮れますが、水槽の撮影には少しコツが必要です。そのポイントを Q&A 形式で解説していきます

水槽における撮影法

解説／アクアライフ編集部

Q. 水槽がカメラのフラッシュで光ってしまう

A カメラのストロボ（フラッシュ）を使えば写真を明るく撮ることができます。しかし、ガラス面が反射したり、ウーパールーパーの陰影が強調されてグロテスクに写ってしまうこともあります。基本的には部屋や水槽の照明を利用した方が、よりかわいらしく撮影できるでしょう。

ストロボを使うと、ガラス面が白く光り、表面の汚れなども目立ってしまう

水槽撮影の際には自身の写り込み（点線部分）にも注意したい

水槽でウーパーを撮影するためのキホン

ガラス面をしっかり拭いておく

せっかくよい写真が撮れても、ガラス面に白い水滴の跡などが残っていたら台無しになってしまう。撮影前にキッチンペーパーやタオルでしっかり拭いておく

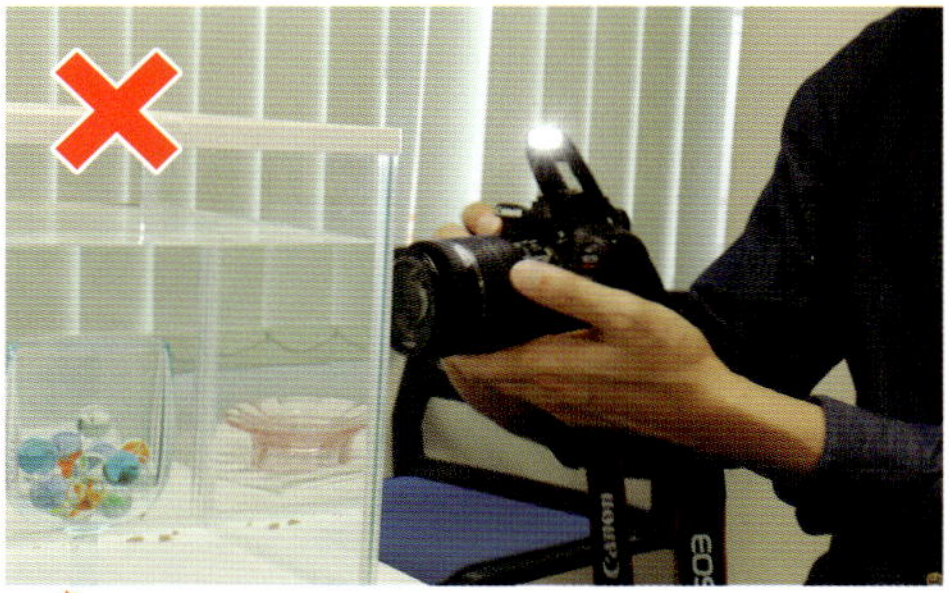

ストロボは使用しない

最近のデジカメ、スマートフォンのカメラは優れているので、基本的にはオート設定で十分撮影できる。この時、ストロボは点灯しないように設定しておこう

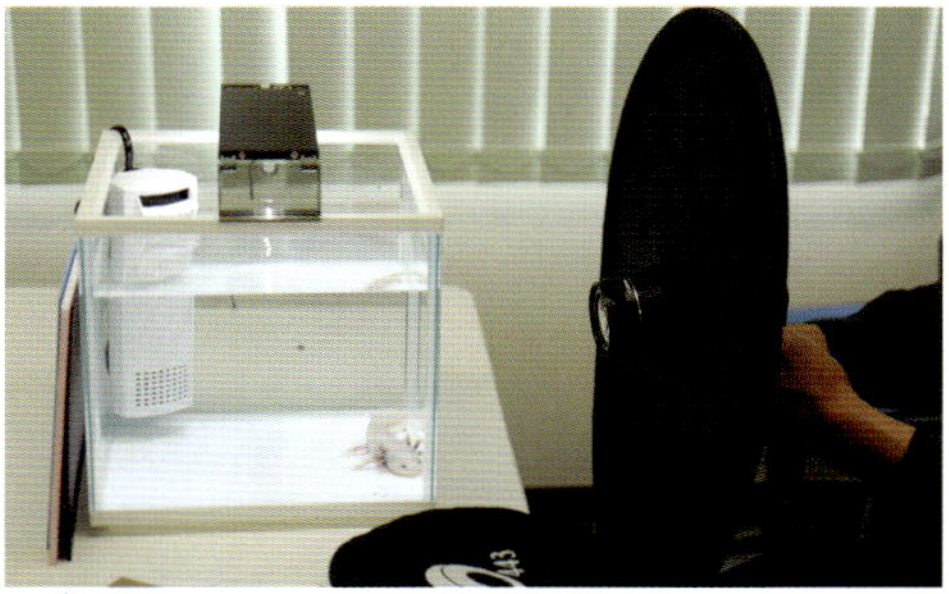

その他の写り込み防止法

カメラレンズの周りを黒いレフ板で覆い隠し、自分の姿がガラスに反射する余地をなくす方法があり、専用器具も市販されている（写真は忍者レフという商品）。スマホの場合は、水槽ガラス面に本体を密着させて撮るのもいい

水槽の中を明るく、外側を暗く

水槽の背景に黒いスクリーンを貼っている場合などには自分の姿や手・カメラなどがガラス面に反射し、写真に写ってしまうことがある。この時、部屋の照明を消し、水槽にライトを設置することで写り込みを目立たなくできる

Q. ウーパールーパーをかわいく撮るには？

A 日頃から大切に飼って「かわいく育てること」が第一です！そして、給餌の際は、ピンセットなどを使い上から餌を一つずつ与えるようにすると、2本足で立つなど、より多様な動きを見せてくれるようになります。

前ページで紹介している愛好家の方が実践しているように、上からの給餌は人馴れさせる意味でも効果抜群！

かわいく撮るためのキホン

背景の色を変えてみよう

アクアリウム用のバックスクリーンは黒や青の商品が多いが、色画用紙なども流用できる。撮影したい雰囲気の演出やウーパールーパーの色に合わせていろいろ試してみよう

いろいろなアングルから撮ってみる

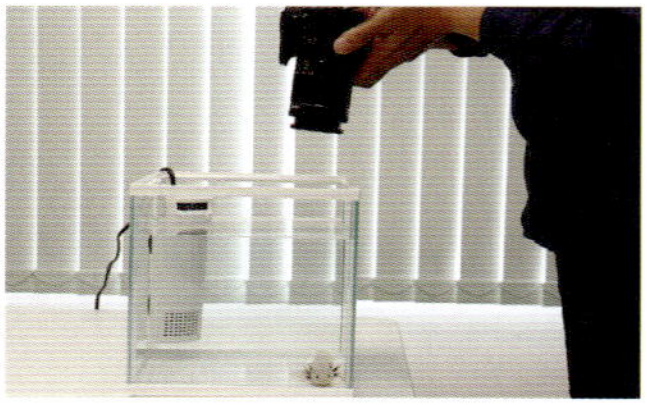

真上

マーブルなど模様を持つ品種に特に適したアングル。底面には白や明るい色彩の砂を敷くとより光の周りがよくなるが、品種の色彩に合わせてコーディネートしてもいい

ローアングル

餌を求めて立った瞬間などはこのアングルから撮ると、普段は見えないお腹や、動きが表現できる。なるべく目が映るようにすると、よりかわいらしい

ハイアングル

慣れないとつい真正面から撮影しがちだが、角度を変えればより愛らしい表情が。このアングルではどこか物欲しげに見えるかな？

#ウーパールーパー

ここからは応用編。
ウーパールーパーの魅力を引き出す撮影法を
提案していきましょう

Scene1 ● 人工的なアクセサリーと一緒に

水草や流木などの自然素材と共に飼育・撮影するのもよいですが、過去には「宇宙からやってきた」なんてキャッチフレーズで紹介されたことのあるウーパールーパーですから、人工的な素材とも違和感なく馴染み、むしろ、その不思議感を強調できます。

この水槽では、ワイングラスに星をイメージしてビー玉を入れ、石けん置きをUFOに見立てた

Scene2 動きを捉える

いつもはのんびりとしたウーパールーパーも餌を食べたり、水面に呼吸に行く際などには素早い動きを見せます。その決定的なチャンスを捉えるには、カメラの連射機能などが役立ちますが、運も必要です。また、日々のゆっくりとした動きの中でも、外鰓の開きや手足の向きなどによって表情はかなり違って見えるので、かわいらしく見える瞬間を探してみましょう。

ウーパールーパーの象徴ともいえる外鰓は、やはり大きく開いている瞬間を撮影したい

コップのフチの……

Scene3 ● 物の上で……

ウーパールーパーを飼育していると、水草の葉の上などに乗っかってぼんやり(?)たたずんでいる姿を見かけることがあります。これは言うまでもなく、シャッターチャンス！　Scene1にも共通しますが、人工的な素材を用いる際は、ウーパールーパーの体を傷つける恐れがなく、水に有害な物質が溶け込まないことを確認してから撮影に臨みましょう。

ブロックに乗って筋トレ？
こんなコミカルな姿が楽しい

ウーパールーパーを繁殖させると、時に予想もしない色彩・模様を持つ個体が生まれることがあります。ここに集めたのは、そんな珍しい表現！ 彼らの姿は、さらなる改良の可能性を物語っているようでもありますね

もっと！ ウーパールーパー図鑑

解説／アクアライフ編集部

UMA《ユーマ》

その希少性ゆえに、謎の未確認生物を意味するUMAと名付けられたもの。明るいイエローの体はゴールデンを彷彿させるが、こちらは黒い目を持つ。同様の表現を持つ個体はこれまでにも数匹生まれているが、親まで成長させるのは難しいという

独特の顔つきもUMAの特徴。写真は、さらに胴体が長いという珍しい表現を併せ持つ個体

ピュアホワイト

雪のように白く美しい体を持つ個体。リューシスティックにも似るが、一番の違いは、日光に当たっても黒いシミが現れないことだという。また、リューシスティックでは目の全体が黒く染まるのに対し、こちらは目の縁が銀色であることでも判別できる。この表現を固定できたら、人気が出そう！

ブラックラメ

その姿は、黒の漆塗りに金箔で蒔絵を施した工芸品のようで、
和の雰囲気を醸し出す。
この個体は、頭、背、尾、そして、外鰓と、
金色の輝きが体中に散りばめられ見事である。
上からのぞきやすい背の低い水槽などで飼育すると、
その魅力をより堪能できるだろう

猛獣系

飼い主が餌を与えた瞬間に手にかみつくような狂暴なウーパー……ではもちろんなくて、「明るい黄色の体に黒のぶち模様が入る個体」をまとめてこの名で呼んでいる。上写真は、ぶち模様のひとつひとつが比較的大きい「パンサー」と名付けられたタイプ。リューシスティックから派生した表現だという

黒ぶち模様がパンサーより細かいものは、「ジャガー」と呼んでいる

ヒカリ系

体の一部に金色の光沢を持つゴージャスなウーパールーパーたちの総称。この金ラメが現れる部位は個体によって様々だが、交配を重ねた印象では、写真のように外鰓の周囲が輝く個体が多いという。この固定率を高め、他の体色に移行できれば……、なんて夢の広がる表現といえるだろう

ゴールデンパンサー！？
猛獣系にも金ラメを持つ個体が現れている

ダルメシアン

完全に固定された表現ではないため定義は難しいが、体にスポット状の模様が乗るものをマーブルと呼ぶのに対し、体色が面状に塗り分けられるものをダルメシアンと呼んでいる。バリエーションは豊富で、色の組み合わせは個体によって様々。ブラックを繁殖させていると、時折り、現れるという

黒地をベースに所々が白抜けする個体。
真っ黒に染まった四肢もよく目立つ

この個体は模様が黒・白・黄の３色で
構成されており、目を引く

灰色と紺色のダルメシアン。
まるで恐竜のよう？

イエロータイガー

「イエロー体色に、リューシスティックのような黒目を持つ品種」を目指し、改良を進めている過程で生まれてきたという個体。その目標が達成できたら、とてもかわいい姿になるであろうことは容易に想像できる

イエローダルメシアン

黄色地に黒目というイエロータイガーとよく似た姿をしているが、黒い模様の現れ方が異なる。どちらもブラックからの変異で、この個体は 2cm くらいの時は黒一色だったものが徐々に黒がはげて黄色が現れてきたとか

オルナティウーパー

緑がかった黄色地に白・黒の迷彩柄が乗った非常に魅力的な個体で、その色彩がアフリカに生息する古代魚、ポリプテルス・オルナティピンニスによく似ていることからの命名。ポリプテルスの故郷に生えている水草、アヌビアスの濃いグリーンを添えてあげると、その美しさが映えるかも

ごまちゃん

クリーム色のボディと、ゴマを振りかけたような細かな黒点が特徴。お饅頭のようにぽよんとした体付きも魅力で、食べたくなってしまうくらい（？）愛らしい。リューシスティックのオス、アルビノイエローのメスの交配から生まれてきたという

髑髏《どくろ》ウーパー

ここまで「カッコいい」という形容詞が似合うウーパールーパーもそうはいない。顔を覆う黒い色素は、ふ化後３ヵ月、体長が5cmを超えた頃から現れ始めたという。小さな時はどの個体がこのように育つのか予測できないという点も、その妖しげな模様には似つかわしい

黒く染まった頭部には金色の輝きも現れ、実に魅力的な表現である

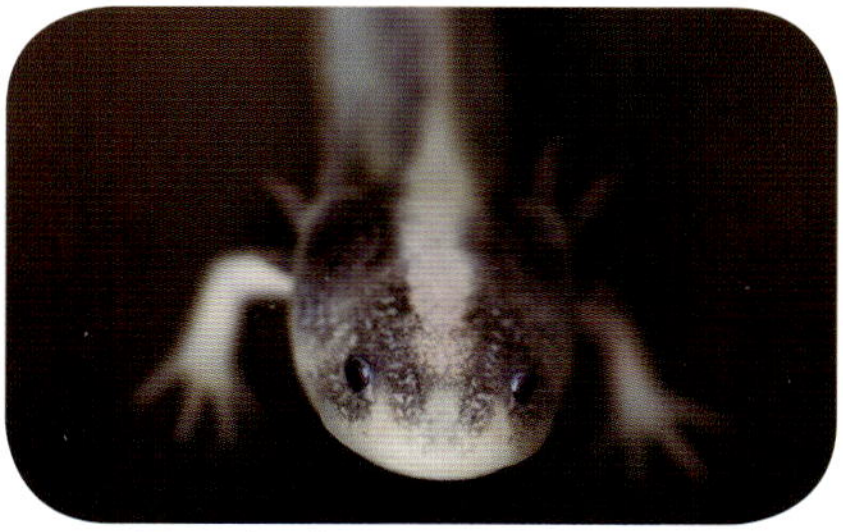
口の周りも白く抜けて、
愛らしい表情を作っている

イッちゃん

髑髏ウーパーと同様の表現だが、こちらは体の正中線を避けるように黒い色素が現れ、結果、背に１本の魅力的な白いストライプが描かれることになった。ここまで明瞭な模様を持つウーパーも珍しく、実に上見映えする。リューシスティックを殖やしていると、ごく稀に現れる表現だという

イエローダルメシアンブリンドル

12 ページで紹介したようにブリンドルは体の左右で色彩・模様が異なる珍しい表現だが、この個体は左右で目の色が違うことで特別感がより高められている。ウーパールーパーの色彩の不思議さを象徴した貴重な一点物だ

体の右側面は黒目で、マーブル模様は強め

体の左側面は目が赤く（アルビノ）、マーブル模様がうっすら入る

アルティメット・ウパルパ・ブリンドル

ウパルパの理想とする体型、すなわち、頭：胴：尾＝1：1：1.5という比率を満たし、さらにはブリンドル！　しかも、リューシスティックに猛獣系というレアな色彩を併せ持つと、まさに、美しさ、かわいらしさ、珍しさの三拍子が揃った「究極」の名にふさわしい個体なのだ！

ソチミルコで採集された野生のウーパールーパー。凄みのある黒いボディは迫力さえ感じさせる（P／千石正一）

ウーパールーパーの
故郷とその現状

メキシコにあるウーパールーパーの故郷、ソチミルコ湖は現在、どのような状態なのか、貴重な現地写真とともにお伝えします

文／大渕希郷

ウーパールーパーは、もともとメキシコのソチミルコ湖周辺に生息する生き物です。かつては広大な面積だったと考えられるソチミルコ湖ですが、人間の活動によって縮小していきました。

ソチミルコには紀元前より人間が住みつきはじめ、アステカ文明の隆盛時には湖を利用したチナンパ農法が盛んになりました。アシなどの植物を積み上げてつくった浮島の上に湖底の泥を積んで畑をつくるという農法です。今でもソチミルコには、チナンパが数多く残り、その間を縫う水路が生み出す景観が貴重な観光資源となっています。しかし、人口増加と都市化による埋め立てによってソチミルコ湖は縮小していったのです。

ウーパールーパーが産卵するには豊富な水草と、それを育む水深が必要です。それらの環境が、湖の開発縮小で破壊されてしまいました。水質も悪化しています。これら人間活動の影響により、現在ではウーパールーパーの絶滅が危惧されるようになりました。国際自然保護連合（IUCN）のレッドリストによれば、絶滅の手前を表す絶滅危惧IA類（CR）にカテゴリされています。

それにも関わらず、生態学的な調査はソチミルコ湖とその運河でしか行なわれていません。近隣のチャル湖やチャプル

自然が残っているように見えるが、水面下は水質汚染と外来魚でいっぱいだ（P／千石）

ウーパールーパーはソチミルコ湖とその周辺に生息する

都市化と埋め立ても進み、近代的な建物も目立つ（P／ Martha Garay , Miguel Sanchez）

チナンパ観光。運河いっぱいに観光ボートが浮かぶ（P／益原愛子）

テペック湖では調査すら満足に行なわれていない状況です。2002年から翌年にかけて、ソチミルコ湖の運河およそ4万平方メートルに渡って1800回行なった投網調査では、たったの42匹しか捕獲できなかったのです。その個体数の減少はすさまじく、1998年から2004年の間に、1平方メートルに0・006匹から0・001匹まで生息密度が減少したそうです。こうした減少には、コイやティラピアなどの外来魚の影響もあります。特にティラピアは、たった100メートルの仕掛け網で600キロが水揚げされるほどです。加えて、人の薬にするために、小さな1歳未満のウーパールーパーが乱獲されています。

こうした事態を受け、メキシコ政府はウーパールーパーをPr種（Special Protection、特別保護種）に指定しました。その保護活動として、環境の復元を行なうワークショップやエコツーリズムなどを展開しています。また、病気や遺伝攪乱などの課題はありますが、研究用やペットとして世界各国で飼育されているウーパールーパーをソチミルコ湖に戻すことはできないか、といった検討もされています。

日本では身近なペットとなりつつあるウーパールーパーですが、彼らを育んだ故郷の現状はまだまだ知られていないのです。

ウーパールーパーの仲間

**ウーパールーパーと同じ有尾目の中から、
ペットショップなどでも見かける機会の多い種類を紹介します**

種の解説／藤谷武史

アカハライモリ

イモリ科　*Cynops pyrrhogaster*

本州、四国、九州とその周辺の島々に広く生息する日本の固有種で、私たちにとって最もポピュラーな有尾類といえる。黒い体と、その名のとおりの鮮やかなオレンジ色に染まった腹が特徴で、形態や遺伝的な地域変異もいくつか知られている。晩秋に繁殖期が始まり、オスは婚姻色を現して、メスに対して尾を振りディスプレイをする。全長 70 ～ 140mm

ベージュ色の地肌に黒いスポットがよく映える個体。尾を染める紫は、オスの婚姻色だ

赤いラインに加えて黒いスポットを浮かべ、上見でも楽しませてくれる（上写真と同一個体）

背、肩、そして、腹に 3 本の赤いラインが走る個体。カッコいい！

キラキラ輝く水槽で、お気に入りを大切に1匹飼い！

アカハライモリはとても丈夫で飼いやすく、定期的な換水など適切な管理を行なえば、10年以上生きることもあります。特に、写真のような小型容器で1匹のみを飼っていれば人にもよく馴れ、餌の時間などには向こうから寄ってくることも！　ここでは、底面にLEDが仕込まれた水槽に水晶を散りばめ、ライトを点灯すると底が輝く仕掛けを作ってみました。

水槽サイズ●約22.5×17×18.5(H)cm
ろ過●なし（週に2回、1/2換水で対応）
底砂●水晶チップ

IMORIUM

成体は陸にも上がるので流木や石などで陸場を設けるとよいが、難なくガラス面も登ってしまう。脱走防止に必ずフタを載せておこう

アンダーソンサラマンダー

トラフサンショウウオ科

Ambystoma andersoni

メキシコ中西部のミチョアカン州、標高 2000m にあるサカブ湖とその流域の水路のみに生息する。ウーパールーパーと同じネオテニー種で、野生では基本的に変態しないが、飼育下では稀に変態することもあるようだ。メキシコでは保護動物に指定され、国内には繁殖個体が流通している。飼育についてはウーパーと同様で問題なく、高水温と水質の悪化に注意する。全長 16 ～ 23.5cm ほど

茶褐色の地肌に浮かぶ黒のまだら模様が特徴。れっきとした原種だが、そのとぼけた（？）表情の愛らしさはウーパーといい勝負！

ファイアサラマンダーは有尾類の中でも数少ない胎生種で、卵ではなく、直接幼生を産む。写真は生み出された直後の姿で、このときはウーパールーパーのように外鰓を持つ

ファイアサラマンダー

イモリ科 *Salamandra salamandra*

ヨーロッパに広く生息し、東はルーマニア、ブルガリア、ギリシャ、西はポルトガル、北はドイツ、南はイタリアまで分布。12 の亜種が知られ、黒地に黄色い斑紋を浮かべた模様をベースに、それぞれ模様の色や形が異なる。水中に潜ることはほとんどなく、陸上生活を送る。基亜種が最も大きく全長 18 ～ 24cm になる（P ／石渡俊晴）

タイガーサラマンダー（トウブタイガーサラマンダー）

トラフサンショウウオ科

Ambystoma tigrinum

北アメリカに広く分布し、カナダ南部、アメリカ・オハイオ州、フロリダ州北部、テキサス州まで、メキシコに生息。幼生（写真）は「ウォータードッグ」という名前で売られていることが多い。成体は陸生が強いが、繁殖期には水中に潜る（P ／ MPJ）

クシイモリ（キタクシイモリ）

イモリ科 *Triturus cristatus*

ヨーロッパ中部、北部、スカンジナビア半島南部、ロシアのウラル山脈、イギリスに生息。繁殖期のオスは、背中にクレスト（背中線に沿って垂直に生えるヒレのようなもの）が発達する。腹部には黄色やオレンジの地に黒点が入る。繁殖期は水中に依存するが、普段は陸上にいることも多い（P ／石渡）

Hikari
ごはんは『ひかりウーパールーパー』
おやつは『クリーン赤虫』がいいなっ!!
ひかりウーパールーパー
Net.30g
100%
ひかりウーパールーパー
●内 容 量：30g
●参考価格：500円（税別）
ひかりウーパールーパー大粒
国産
Net.30g
100%
ひかりウーパールーパー＜大粒＞
●内 容 量：30g
●参考価格：500円（税別）
CLEAN SERIES
クリーン赤虫ミニキューブ
100%
クリーン赤虫ミニキューブ
●内 容 量：32キューブ、40g
●参考価格：381円（税別）
◆ウーパールーパーの成長に合わせて選べる粒サイズ◆
ひかり
ウーパールーパー
5～12cmの
小さい
ウーパールーパーに
ひかり
ウーパールーパー大粒
12cm以上の
大きい
ウーパールーパーに
5～12cm
12cm以上
ひかり
ウーパールーパー
5.7粒
＝
ひかり
ウーパールーパー大粒
1粒
株式会社キョーリン
〒670-0912 姫路市南町9番地 神畑ビル Tel.079-289-3171(代)
http://www.kyorin-net.co.jp/

もっと仲良くなるための

ウーパールーパー学

少し大げさなタイトルを付けてしまいましたが、ウーパールーパーの名前の由来、体の仕組み、そして、特徴である幼形成熟の秘密など、彼らに関する雑学的な情報を集めました。これを一度読んでから水槽をのぞけば、ウーパールーパーのまた違った表情が見えてくるかもしれませんよ？

ウーパールーパーの名前にまつわるアレコレ

文／大渕希郷

ウーパールーパーがテレビCMに出ていた!?

「ウーパールーパー」…実に愛らしくて、不思議な響きのある名前です。しかし、実はこれはウーパールーパーの本名ではありません。

なんだか、ややこしく感じられてしまうかもしれませんね。ウーパールーパーという名前は、1985年、「日清焼きそばU.F.O.」のテレビコマーシャルに登場した際に広く一般に認知されるようになったものなのです。

このCMでは、宇宙を感じさせる外見のかわいらしさや斬新さなどが商品のイメージにぴったりだったため、ウーパールーパーをCMキャラクターとして採用したとのこと。

ウーパールーパーの正式名

みなさんがウーパールーパーの名前で親しんでいる生き物の正式な生物名、つまり学名は *Ambystoma mexcanum* といいます。和名については、実は外国産の両生類には「正式な和名（標準和名）」がないため、メキシコサラマンダーやメキシコサンショウウオの名が充てられることが一般的です。

アホロートルの名の由来

また、アホロートル Axolotl と呼ばれることもあります。これは古代アステカのナワトル語ですが、意味は「水の使者」とか「水の奴隷」、「水の精霊」、「水の怪物」、「水遊び」、「水の双子」などたくさんあります。ナワトル語はとても複雑で、「水の犬」（atl＝水、xolotl＝犬の意）と訳す人もいます。

このようにたくさんの訳語が存在するのには理由があります。そもそも、ショロトル Xolotl 自体の語源はアステカの神のひとつなのです。ショロトルは死と復活、遊びを司り、犬と人間が混ざった怪物の姿をした双子神です。そのため、たくさんの意味を持つ言葉になったのです。

また、アステカ神話では、ショロトルは地球から追放された際に、自分の姿を様々に変えて逃げるのですが、最終的にアホロートル（ウーパールーパー）の姿になったそうです。しかし、その姿で捕まり殺されて、最期は太陽と月に捧げられたとのこと…。

アステカ文明の神のひとつ、ショロトル Xolotl。犬と人間が混ざったような姿をしている（「AXOLOTLS」（T.F.H. Pubications,Inc.Ltd））を参考に作成

懐かしい人も、初めて見る人もいるだろう。1985年当時、テレビCMで使われたカット。品種は、目の黒いリューシスティックだ（写真提供／日清ホールディングス株式会社）

ウーパールーパーと人との生活

文／大渕希郷

ウーパールーパーはペットとして、人の生活に潤いをもたらしてくれる

食材としてのウーパールーパー

ウーパールーパーは古来アステカ時代より、メキシコで食用に利用されてきました。伝統的な料理としては、ウーパールーパーをトマトソースやチリソースなどにからめて、トウモロコシ粉の生地とトウモロコシ皮で包んで蒸すタマーリというメキシコ料理があります。また、ウーパールーパーのトルティーヤ（スペイン風オムレツ）や、ズッキーニの花といただく料理もあります。他にも、焼く、ゆでる、揚げる、蒸すと調理方法は様々です。

さて、肝心のそのお味は?というとウナギに近いそうです。ちなみに、フランスでは食用ウーパールーパー牧場の建設計画があったのですが、美的観点から受け入れられなかった…というのは、何ともおかしいですね。

薬にもなる!?

食用以外の伝統的な利用方法として薬用があります。なんと慢性的な持病に悩む人の滋養強壮の薬としても利用されてきたのです。アホロートルシロップというウーパールーパーを加工した飲料は、特に呼吸器感染に効くとして売られています。これは医学的根拠に基づく薬ではないのですが、あくまで民間療法として現地で広く信じられているようです。

実験動物に適した両生類

さらに、ウーパールーパーは実験動物としても歴史が深く、1975年には、アメリカのハンフリー博士によって、ウーパールーパーの繁殖技術が確立されています。

ウーパールーパーに限らず、両生類には実験動物として様々な利点があります。それは、細胞が大きく観察に適す、体外受精で卵も大きく卵数も多いため扱いやすい、などの点です。加えて、地球史上初の陸生の脊椎動物で、動物進化を考える上で重要な生物であることや、我々と同じ脊椎動物でありながら小型で扱いやすいことからも、ヒトを含めた脊椎動物の理解に実験動物として非常に有用なのです。

しかし、実験室での飼育が困難な種が多いために、長い間、特に遺伝学において両生類の寄与は大きくありませんでした。ハンフリー博士もウーパールーパーの突然変異に興味があったのですが、その研究にはたくさんのウーパールーパーが必要です。そこで、まず、ウーパールーパーを簡単に殖やす方法を研究し、繁殖技術を確立したのです。その後ウーパールーパーは、遺伝学はもちろん、発生学や内分泌学などの実験動物としても広く用いられるようになりました。また、現在、私たちがペットとして楽しめるのも、繁殖技術確立の恩恵を受けているのです。

生息地では人間活動によって絶滅しかかっているウーパールーパーが、同じ人間によって実験動物として見いだされたがために、実験室下で大量繁殖している（させられている?）というのは、何とも皮肉な運命を感じないでしょうか。ペットとして彼らを迎えたのなら、せめて大切に飼育してあげたいものです。

ウーパールーパーの再生能力と、進化の不思議

文／藤谷武史

再生に関わる遺伝子はヒトも有尾類も同じ!

両生類の中でも、ウーパールーパーが含まれる有尾類は、再生能力の非常に高い動物です。ヒトも再生はしますが傷口が治る程度で、なくなった腕や足は当然再生しません。

しかし、とても興味深いことに、再生に関わる遺伝子はヒトも有尾類も同じであるということが最近の研究で明らかになってきました。そのため、再生医療などの分野で、有尾類は注目されています。

ウーパールーパーの再生能力

さて、ウーパールーパーの再生能力は非常に強く、腕やエラ、尾を切断されてもほぼ完全に再生されます。それに、なんと内臓や脳までも再生することが知られています。

再生能力は小さい時期ほど早く強いのですが、腕を丸ごと再生させるには3ヵ月から半年ほどかかります。

脊椎動物の再生能力と進化の関係

一方、両生類の中でもカエル類は成体になると再生能力が全くなくなってしまいます。オタマジャクシの時期には有尾類のように強い再生能力を持つ種類が知られていますが、それも変態と同時に再生能力を失います。

当然、鳥類や哺乳類にも有尾類のような再生能力はありません。しかし、魚にはヒレを再生する能力があります。これで気づく方もいるかと思いますが、脊椎動物の進化の過程の中で、両生類の中に再生能力の有無の境界線があるのです（爬虫類であるトカゲは尾を再生しますが、尾の切れる場所が決まっていて、ここでいう再生能力とは少し違います）。これは非常に面白いことだと思います。ウーパールーパーが実験動物としてよく用いられる理由もなんだかわかる気がしますね。

もし、ウーパールーパーの外鰓や足をかじられてしまったら…

ウーパールーパーを複数飼育中に四肢やエラを他個体にかじられ、欠損することがよくあります。ウーパールーパーは餌に対して非常に貪欲で、目の前に動く物があれば何でもパクリと口に入れてしまいます。そのため、複数飼育する場合は、共食い（齧り合い）対策が必要です。具体的には、隠れ家を飼育個体の数以上用意することで、接触を避けやすくなります。

万が一、事故が起きた場合、かじられた個体は別の水槽に移しましょう。その際、キズ口が細菌やカビなどに侵される恐れがあるので、観賞魚用の治療薬「グリーンF」や「グリーンFゴールド」などを魚の規定量の$1/3$量を飼育水に入れ、数日間様子を見るとよいでしょう。

ウーパールーパー 体色の秘密

文／藤谷武史

カラーページでも紹介しているように、ウーパールーパーには様々な体色の品種が存在します。この体色のバリエーションは、ウーパールーパーが持つ色素細胞の組み合わせにより作り出されています。

各体色を発現する色素細胞

自然下に生息するウーパールーパーの体色は黒っぽく、さらにその上に黒い斑点が散りばめられています。これは、褐色～黒の色素を作る「メラノフォア」(Melanophore) という細胞を多く持っているためです。ブラックと呼ばれる品種は、この色素細胞の発現量がさらに多いことから真っ黒になっているものと思われます。

その他に、ウーパールーパーには黄色の色素を作る「ザンソフォア」(Xanthophore)と、様々な光を放つ「イリドフォア」(Iridophore) があり、合計3つの色素細胞で色彩を表現しています。

イリドフォアは「反射小板」を持つ細胞で、様々な光を反射することで構造色（微細な構造と光の干渉により作り出される色。例えば、タマムシの金属光沢やカワセミの羽の青色など）を作ります。種類によって強く反射する色彩が異なります。

以下に各タイプのウーパールーパーが持つと予測される色素細胞を挙げていきましょう。

目の赤い、いわゆるアルビノ個体は、全ての色素細胞の欠損により起こります。

リューシスティックと呼ばれる個体は、メラノフォアが目だけに発現している変異と思われます。

黄色が強く、体中に白い斑点が散りばめられたゴールデンと呼ばれるタイプは、イリドフォアとメラノフォアが欠損して起こる変異だと思われます（ただし、ゴールデンと呼ばれるタイプには、表現の幅があるようです。後述）。

ブルーと呼ばれるタイプは、メラノフォアとザンソフォアの欠損、もしくは発現不足で起こる変異と思われます。

カラーバリエーションの遺伝について

これらのカラーバリエーションの遺伝様式は非常に複雑です。理論上のカラーバリエーションの遺伝様式はわかりますが、顕性（優性）因子と潜性（劣性）因子の絡み合いが起こっているので、実際に「この色とその色を繁殖させれば、必ずあの色の子供が産まれる」とは断言できません。

しかも、色素細胞の発現には無数の変異があり、遺伝的にも明確にわかっていることは極めて少ないです。例えば、ゴールデンと呼ばれるタイプの中には白い斑点がない個体から、黒いくすみのような点々が混じる個体が存在します。これは、ザンソフォア以外の色素細胞の発現（欠損）の程度が異なるのが原因と考えられます。

このようにウーパールーパーの色彩の表現は線引きが難しいものです。しかし、こういった色素細胞の発現の程度を想像しながら、交配を行なうのも楽しいのでは？ もしかしたら、思いがけないような色彩も作り出せるかもしれません。

60 ～ 73 ページで紹介した個体たちを見ると、色素細胞が複雑に絡み合っているというのがよくわかる

ウーパールーパーが大人にならない理由

幼形成熟のメカニズム

文／藤谷武史

幼形成熟とは…

ウーパールーパーは基本的に一生を水中で過ごす両生類です。しかも、カエルのようにオタマジャクシから変態することなく、幼生の形のまま性成熟をします。これを「幼形成熟（ネオテニー）」といいます。

幼形成熟とは、生殖腺は発達する（繁殖はできる）ものの、体の組織の発達が遅くなったり、一部が阻害されることによって、結果的に個体の成長後の段階（両生類の場合は変態後の姿）がなくなる現象です。これをカエルで例えるならば、オタマジャクシのまま繁殖可能な状態になるということです。

愛玩動物や家畜の品種では、体が大きくなる前に成長を停止させて早熟にしたり、性成熟はするものの成長を遅らせるように改良されたものがあります。これらも非常に近い現象で、幼形成熟と含めて「幼形進化（paedomorphosis）」と呼びます。

余談になりますが、人類学的には子供期が長いという理由からヒトにもネオテニー現象があると言うことがあります。もちろん、ヒトとウーパールーパーの現象は同じメカニズムではありません。ヒトの場合は文化的要素も複雑に組み合わさってできた現象で、生理的にも異なります。

有尾類における幼形成熟

話を元に戻しましょう。幼形成熟は、両生類の有尾類（サンショウウオの仲間）ではいろいろな種類で見られます。ウーパールーパーと同属のトラフサンショウウオ属（*Ambystoma*属）では多くの種類が、ホライモリ科、サイレン科では全ての種が幼形成熟をします。

ウーパールーパーの幼形成熟は遺伝的に制御されたもの、つまり、生まれつき変態しないように体に組み込まれたものです。そのため、基本的に全ての個体が幼形成熟を行ないます。一方で、普段は完全変態（幼生から成熟していく過程で、カエルのように大きく形が変わること。エラがなくなって肺呼吸となり、四肢も発達し陸上生活可能となること）を行なう種類でも、環境が変化した場合など、状況に応じて幼形成熟を行なう種類も存在します。

幼形成熟のメカニズム

両生類の変態は、甲状腺が分泌するサイロキシン（チロキシンともいう。Thyroxine）というホルモンを受けて起こります。つまり、幼形成熟が起こるということは、理論的には、甲状腺を刺激する役割を持つ脳下垂体の機能低下、甲状腺の機能低下、サイロキシンに対する感受性の喪失などが考えられます。

ウーパールーパーでは、別の種類の脳下垂体を移植、また、サイロキシンの注射によって変態することが知られています。つまり、ウーパールーパーが変態しないのは、脳下垂体の機能低下という生理的な理由があることがわかります。また、化学的処理を行なわずとも、環境の変化だけでも極まれに変態することがあることが知られています（次ページ参照）。

ちなみに、先に述べたホライモリ科、サイレン科は脳下垂体を移植したり、サイロキシンを注射しても変態はしません。

両生類の変態を促すメカニズム

ウーパールーパーは、①脳下垂体の移植、②サイロキシンの注射によって変態が促される。①から甲状腺は機能していること、②からサイロキシンの感受性があることがわかる。つまり、ウーパールーパーが変態をしないのは「脳下垂体の機能低下」が原因だと考えられる

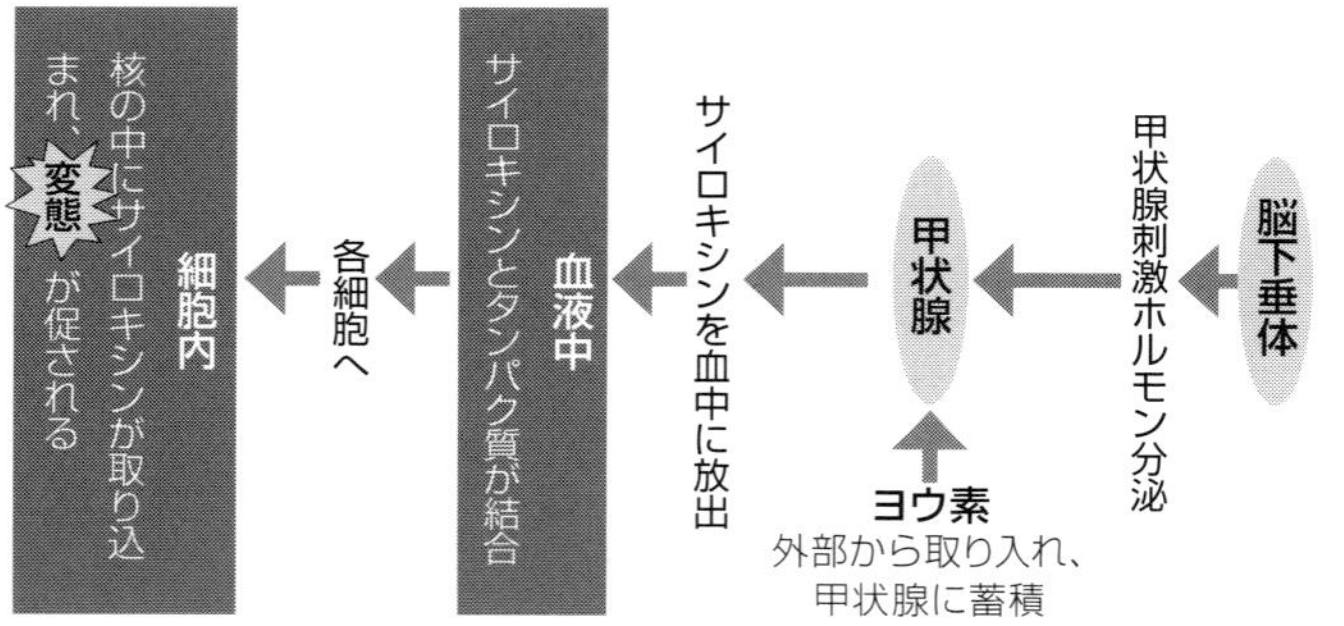
脳下垂体
甲状腺刺激ホルモン分泌
甲状腺
ヨウ素
外部から取り入れ、甲状腺に蓄積
サイロキシンを血中に放出
血液中
サイロキシンとタンパク質が結合
各細胞へ
細胞内
核の中にサイロキシンが取り込まれ、変態が促される

ウーパールーパーも変態する? その時の飼育方法は??

文／藤谷武史

変態したアルビノのウーパールーパー。外鰓がなくなってツルンとした頭は、まるで別種のよう

先述したようにウーパールーパーは幼形成熟をしますが、時折り、変態することも知られています。では、どうしたら変態するのか、また、その際の飼育方法に興味のある方もいるでしょう。ここでは、ウーパールーパーの変態について書くことにします。が、まずその前に、有尾類における幼形成熟（ネオテニー）について解説しましょう。

ネオテニーには3タイプある

有尾類では全科で幼形成熟することが知られ、以下の3つに大きく分けることができます。

❶「絶対ネオテニー」

自然下においても、また、人工的に甲状腺ホルモンなどを投与しても変態しないもの。

さらにこのタイプは、

ⅰ「完全ネオテニー」

鰓裂とエラがあり、皮膚も幼生と変わらない（ホライモリ科が該当）

ⅱ「部分的ネオテニー」

鰓裂は一対のみ残り、エラはない種類も存在。皮膚は変化して上陸成体型となる（オオサンショウウオ科、アンヒューマ科、サイレン科が該当）

に細分化できます。

❷「通性的ネオテニー」

通常、自然下では変態しないが、人工下でホルモン処理などを行なうと変態するもの。

❸「偶発的ネオテニー」

自然下において、同種の中でも変態する個体、変態しない個体が同時に見られるもの。

この中で、ウーパールーパーは「通性的ネオテニー」に相当します。すなわち、人工下で変態させることが可能です。ホルモン投与などの化学的処理をせずに変態する例も知られ、水槽内の水を徐々に減らしていくと変態することがあるそうです。

また、飼育水に「ヨウ素（ヨードともいわれる）」を多く含ませると、変態することがあります。これは、変態に関与している甲状腺ホルモンの合成にヨウ素が必要だからです。

ウーパールーパーは変態させない方がいい

しかし、ウーパールーパーは変態後、長く生きた例がほとんどありません。「通性的ネオテニー」は変態する機構自体は体内に備わっているものの、おそらく現世の種類において変態するという行為はイレギュラーなことなのだと思われます。すなわち、ウーパールーパー本来の生活様式が「変態しない」ことなので、あえて変態を促すような飼い方はしない方がいいでしょう。

ちなみに、「偶発的ネオテニー」の種類では、変態しても通常に生きながらえ、繁殖まで行なうことができます。

ウーパールーパーが大人にならない理由2

有尾類の幼形成熟と進化

文／大渕希郷

ここでは、ウーパールーパーが幼形成熟をする理由について、「進化」の観点から迫ってみようと思います。そのためには、まずウーパールーパーの仲間の解説から始めましょう。

有尾目の特徴

ウーパールーパーは、両生類の中の有尾目トラフサンショウウオ科に属する動物です。

有尾目は、トラフサンショウウオ科を含め10科からなります(図1)。日本の小型サンショウウオ類はサンショウウオ科にすべて含まれますが、ウーパールーパーはそれらとは少しかけ離れた仲間です。むしろ、イモリ類に近いことがわかります。

また、有尾目の分布は特徴的で、北半球の冷涼・多湿な温帯地域に集中しています(図2)。一部、赤道下の熱帯域まで分布があるのにも関わらず、不思議なことに南半球では彼らの好む温帯地域には分布していません。

トラフサンショウウオ科の特徴

トラフサンショウウオ科は北米大陸のカナダ南部・アラスカからメキシコ台地南端にかけて分布する有尾類で、現在、トラフサンショウウオ(*Ambystoma*)属32種で構成されています(メキシコヤマトラフサンショウウオ属は統合されました)。ウーパールーパー以外では、タイガーサラマンダー(トラフサンショウウオ)*Ambystoma tigrinum* がペットとして有名です(79ページ参照)。

この科の特徴としては、前肢が4本指、後肢が5本指で、肺を持つこと、胴体部に肋条と呼ばれる筋があること、体内受精を行なうことなどが挙げられます。

また、トラフサンショウウオ科は、変態して陸生となるのが

図1. 有尾類の系統関係　Amphibiaweb2012より改変

サイレン科
グレーターサイレン
Siren lacertina

オオサンショウウオ科
ヘルベンダー
Cryptobranchus alleganiensis

アンフューマ科
ミツユビアンフューマ
Amphiuma tridactylum

ホライモリ科
マッドパピー
Necturus maculosus

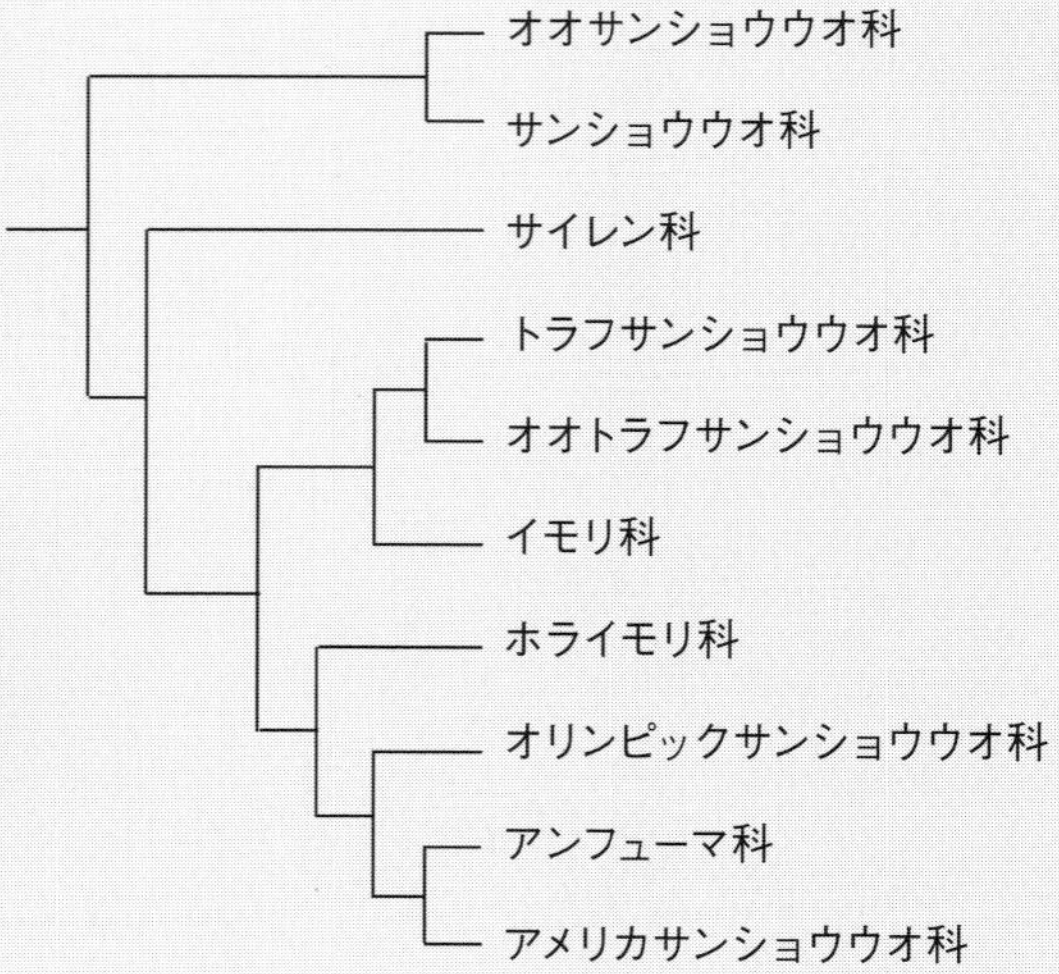

普通ですが、ウーパールーパーを含め幼形成熟する種もいます。

有尾目と幼形成熟

幼形成熟というと、ウーパールーパーの代名詞のようになっていますが、実は有尾目の様々な種が、様々な程度に幼形成熟することが知られています。特に、サイレン科、オオサンショウウオ科、アンフューマ科、ホライモリ科に含まれる種は、完全な変態を行ないません。

また、時折り幼形成熟するものになると、トラフサンショウウオ科で7種、オオトラフサンショウウオ科で1種、イモリ科で4種、アメリカサンショウウオ科で1種、それぞれ報告があります。日本産のエゾサンショウウオ *Hynobius retardatus*（サンショウウオ科）でも1924年に13個体だけ報告があります。

このように、有尾目のすべての科で幼形成熟が認められるのです（図1）。

ところが、その程度は様々です。たとえ変態を促すホルモン・サイロキシンを注射しようとも変態せずに必ず幼形成熟となるもの（絶対ネオテニー）から、いろんな要因で時折り幼形成熟になるもの（通性的ネオテニー）までいます。前者には、サイレン科、オオサンショウウオ科、アンフューマ科、ホライモリ科が含まれます。後者には、それら以外のウーパールーパーなどが含まれます（86〜87ページ参照）。

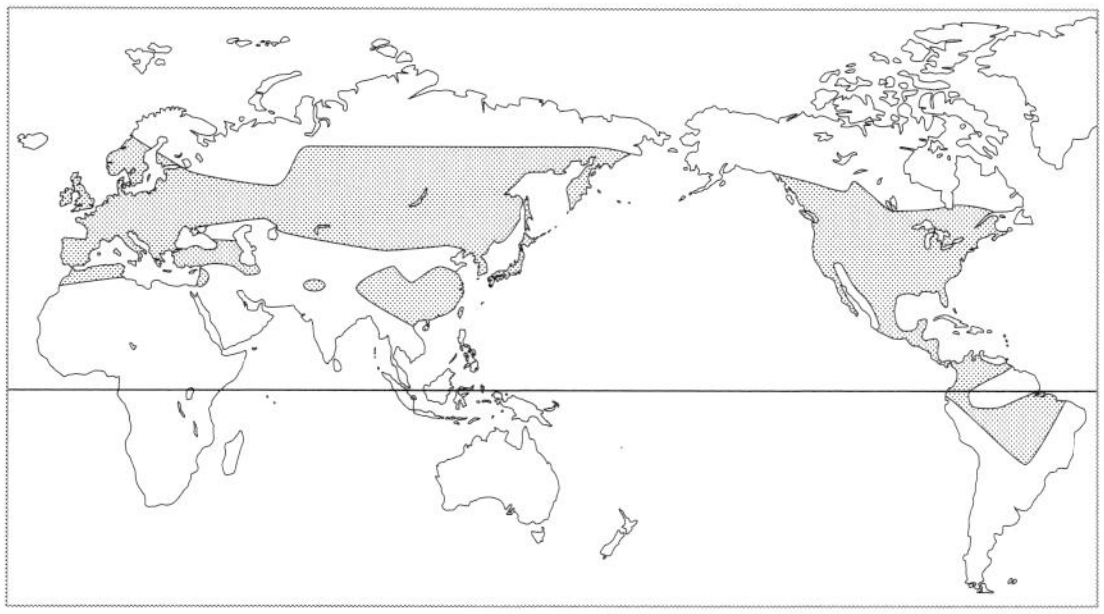

図2.
有尾類の分布

松井（1996）より改変

有尾類は主に北半球の温帯地域に生息している

幼形成熟の意味

では、幼形成熟にはどんな生態的、進化的な意味があるのでしょうか？　激しい気温変動、餌不足、低気温などの劣悪な陸上環境地域においては、より安定した水中環境にとどまる方が有利であると考えられます。そのために、幼形成熟が進化すると言われています。

例えば、チャイロトラフサンショウウオ *Ambystoma gracile* では、低地にすむ個体はほとんどが変態するのに対して、高地の個体は逆にほとんどが幼形成熟します。高地の水中では、天敵の魚類が少ないか、まったく存在しないので幼形成熟した方が有利だと考えられます。

一方、他の例では、パックァロ湖で幼形成熟したパックァロアホロートル *Ambystoma dumerilii* が魚と共存しています。これは、アホロートルの体サイズが大きいことと、夜行性で魚に捕食される危険性が少ないためと考えられています。

さて、もしも本当に、陸上の環境がその有尾類にとって劣悪である場合に幼形成熟が進化するとしたら、ウーパールーパーは水中にとどまり陸上の難を逃れた一族ということになります。そして、いまウーパールーパーにとって、安住の地であるはずの水中環境も人間の影響ですさまじい勢いで破壊つくされつつあります（74ページ参照）。生物の進化には、通常、膨大な時間がかかります。再び、水中以外の環境へ難を逃れるのは時間的に難しいのかもしれません。

水の中は快適！
だから、自然を守ってほしい！

ウーパールーパーがかかる病気と治療法

文／藤谷武史

ウーパールーパーは、特に幼生〜幼体の時期に病気にかかりやすいです。全長15センチを超えると比較的丈夫になりますが、それでも水換え不足や餌の過剰投与などで飼育水の環境が悪くなると、細菌やカビなどが原因の病気が発生しやすくなるので、十分に気をつけましょう。

病気が発生した場合の基本的なケア

●観賞魚用の薬品が使える

ウーパールーパーに発症する病気の原因菌の多くは魚類と同じものなので、観賞魚用の治療薬が使えます。薬浴する際の注意点として、魚への使用を前提とした規定量では両生類にとって薬が強すぎることがあります。特に幼生や幼体は薬に対して弱いため、規定量の1／3量から開始するとよいでしょう。

●水槽や器具のケア

複数飼育している場合は、病気が蔓延する恐れがあります。病気にかかっている個体を発見した場合は、速やかに別水槽に隔離して、そこで治療するのが基本です。また、正常な個体も一旦別の水槽に移し、飼育水槽をすべて塩水や中性洗剤で洗い、消毒できれば安心です。

底砂や流木などのレイアウトグッズは熱湯消毒します。

水草は0・5パーセントの食塩水に浸して消毒する方法もありますが、枯れてしまうことも多く、基本的には廃棄します

以降に、様々な症例とその治療方法を紹介していきますが、水槽などのケアは基本的にどのような疾患の場合でも同様です。

拒食症

それまで餌を十分に食べていたのに急に食べなくなったり、徐々に食が細くなって、ついには完全に拒食してしまうことがあります。体型が良く、エラもしっかりしている状態で、目立った細菌感染やカビなどの付着もない場合、原因として以下の3つが考えられます。

❶水温が上昇している

水槽を涼しい場所に移動するか、ファンなどを利用して水温を下げます。日ごろから水温計をチェックする習慣を付け、予防に努めましょう。急激な水温の上昇や、30℃以上の水温が長期間続くのは危険です。

❷胃に物が詰まっている

水質に原因がなければ、胃の

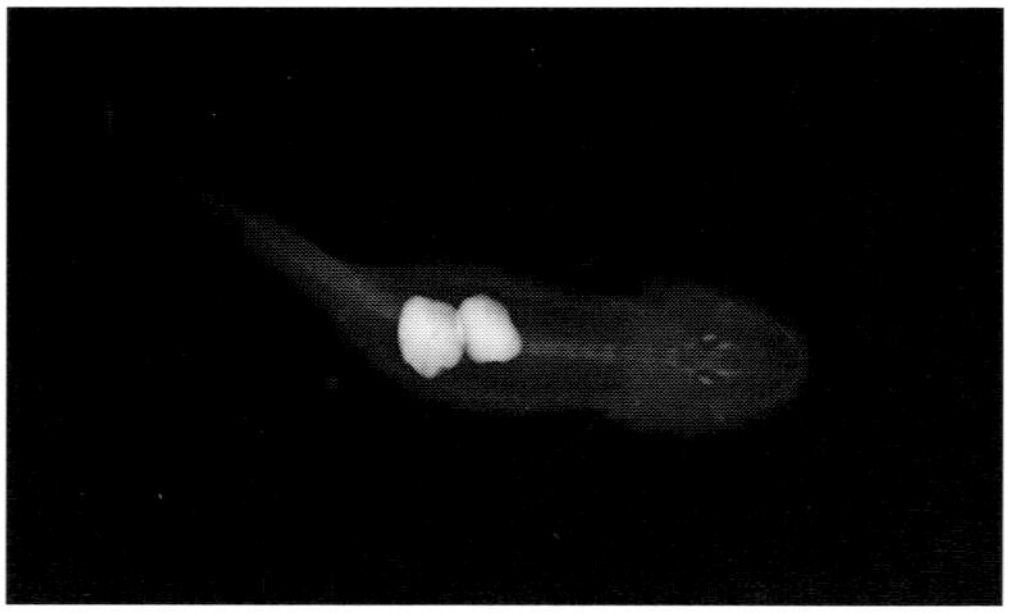

小石を飲み込んでしまったウーパールーパーのレントゲン写真。事故が起きてからでは遅いので、個体のサイズに合わせて底砂を選びたい（写真／進藤祐介）

皮膚粘膜症
体の所々に白い粘膜が付着する

中に消化できないものが詰まっていることが考えられます。アルビノ個体では透けた腹部から判断できる場合もありますが、どんな品種でも治療は非常に困難です。水槽に敷く底砂のサイズ調整と、日ごろから健康に飼うことで、予防するしか手立てがないものと思われます。

❸内臓障害の可能性

先に挙げた2つが原因でない場合は、内臓に障害が起こっている可能性が考えられます。手に入ればテトラサイクリン系などの抗生剤を直接注射、もしくはカテーテルなどで経口投与する方法もあるようですが、個人で行なうのは非常に難しいので、専門の獣医さんに相談しましょう。

皮膚粘膜症

水温はさほど高くないのに、ウーパールーパーの元気がない印象で、体全体が少しくすんだ感じになり、所々に白い粘膜が付着する場合があります。これは、主に水質の悪化が原因と思われます。

治療法は単純で、水を換えれば改善されます。このとき水はいつもより多めに換えましょう。もしも2～3回水換えしても改善されない場合は、二次的に皮膚の疾患などにかかっている可能性があるので、観賞魚用の治療薬「グリーンFゴールド」で薬浴します。

ガス症（浮腫症）

胴体の内側に空気の塊ができ、体が水面に浮いてしまう症状があります。特に幼生～幼体の時期に見られることが多く、多数で飼育するとより起こりやすいです。原因は不明ですが、おそらくバクテリアに侵されて内臓が炎症を起こし、炭酸ガスなどが溜まってしまったものと考えられます。

この場合の治療法は、「グリーンFゴールド」やテトラサイクリン系の薬品などで薬浴するのも有効でしょうが、患部に直接届きにくく、大きな個体の場合は、抗生剤注射による処置がより効果的と思われます。その場合、個人では無理なので、専門の獣医さんに診てもらいましょう。

細菌感染症

皮膚が少しただれる、部分的に白い穴があく、エラや四肢の

ガス症
水面に浮かんでしまう症状。幼生～幼体の時期によく見られる

細菌感染症
体に白い穴があく、尾や足が
溶けるなどの症状を見せる

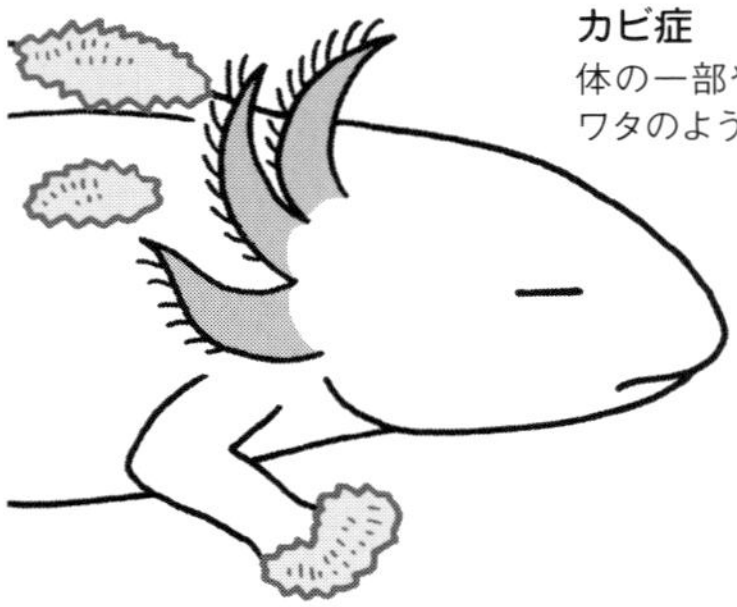

カビ症
体の一部や傷口などに、白い
ワタのようなカビが付く

先、尾の先などが溶けるようにしてなくなっていく症状が現れることがあります。これらは魚では「穴あき病」や「尾ぐされ病」と呼ばれる病気です。原因はエロモナス属やシュードモナス属などのグラム陰性菌の感染によるものと思われます。これらは細菌が原因の感染症の中で、最も起こりやすい病気です。

治療方法は皮膚粘膜症でも紹介した、「グリーンFゴールド」などが有効です。その他に、「観賞魚用エルバージュエース」、「アグテン」なども使えます。これらを魚の規定量の⅓量投薬します。

皮膚疾患だけではなく、吐血や下血を伴う症状が現れることがあり、これは腸内細菌に侵されていることが疑われます。具体的に有名なのは、「パラコロ病」で、エドワードジエラ・タルダ（*Edwardsiella tarda*）という菌が原因です。

この病気は「オキソリン酸」という合成抗菌剤が有効で、これを含む薬品は、「グリーンFゴールドリキッド」、「観パラD」、「水産用パラザンD」などがあります。使用の際は、魚の規定量の½量で薬浴します。これらの薬品はパラコロ病だけでなく、先に述べた皮膚疾患性の細菌にも効果があります。

私の勤める動物園では、たいていの細菌感染症を「水産用パラザンD」（一般には販売されていないが、観賞魚店などを通じて入手は可能）で薬浴します。この主成分であるオキソリン酸は事故も少なく非常に扱いやすく、即効性もあることから、愛用しています。「水産用パラザンD」には、魚種に応じて規定量が示されており、ウーパールーパーにはウナギ用の量を投薬します。

カビ症

体の皮膚に綿のようなカビが付着することがあります。ほとんどの場合、ウーパールーパー同士による噛み合いで生じた傷や、細菌感染によってできた炎症部位の二次感染としてカビが付着します。

いちばん有効な薬品は「グリーンFリキッド」で、これを魚の規定量の½量で薬浴します。カビ症の場合、早期に発見して正しい処置を行なえば、健康な個体はほとんど完治するでしょう。ただし、幼生の場合は致命傷になることも多いので、気をつけます。

寄生虫

両生類には様々な寄生虫の症例が報告されています。ウーパールーパーは水生種ですから、よく見られる寄生虫は、寄生性甲殻類の「イカリムシ」です。イカリムシはエラや四肢の付け根などに多く寄生し、肉眼で付いているのが確認できます。

処置は、寄生しているイカリムシ（成体）をピンセットなどで取り除き、その後、寄生されていた患部の炎症を防ぐ意味で、「グリーンFゴールド」などで薬浴します。飼育水槽には、イカリムシの幼生が浮遊しているので、「リフィッシュ」で薬浴します。この薬品は浮遊幼生にのみ有効なので、体に付着している成体は手で除去するしか方法はありません。

その他、繊毛虫類のツリガネムシも皮膚に寄生します。この寄生虫による病名は「エピスティリス症」と呼び、固まった粘膜が体に付着する症状が表れます。初めは魚の「白点病」のような症状を見せ、次第に白い

寄生虫症
目に見える虫が体に付着する

粒がだんだん大きくなっていきます。イカリムシとは違い、ツリガネムシ自体は肉眼では観察ができず、顕微鏡下でしか同定できません。

この治療方法は、「過マンガン酸カリウム」0・005パーセント溶液への薬浴5分か、トイレの消臭剤や電気ポットの洗浄に使われる「氷酢酸」0・07パーセント溶液への薬浴15秒のどちらかで改善されるようです。

ウーパールーパーの病気治療に使える魚病薬と、その用途

ウーパールーパーの病気の原因菌は魚と共通するため、観賞魚用の薬品を流用できます。ただし、これらは魚用の薬品として開発されたものなので、使用の際は自己責任でお願いします

「観賞魚用エルバージュエース」
…細菌感染症など

「グリーンFゴールドリキッド」
…細菌感染症（パラコロ病）など

「グリーン F ゴールド」
…皮膚粘膜症、ガス症、細菌感染症など

「グリーン F リキッド」
…カビ症など

「リフィッシュ」
…寄生虫（イカリムシ）など

「アグテン」
…細菌感染症など

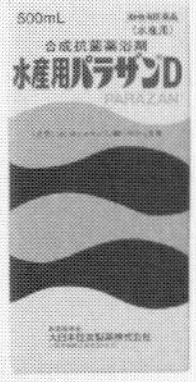

「水産用パラザン D」
…細菌感染症（パラコロ病）など

「観パラ D」
…細菌感染症（パラコロ病）など

ウーパールーパー飼育用語辞典

文／アクアライフ編集部

あ

●エアレーション

いわゆる、ぶくぶく。エアポンプを使って、飼育水中に空気を送り、酸素を溶け込ませること。水量に合ったろ過器を使用していれば必要はないが、それでも温度が上がり酸素が水に溶け込みにくくなる夏場などは、補助的にエアレーションをするとよい。また、気泡が水面に上がる様子は見た目にも涼しげ。

か

●活性炭（かっせいたん）

石炭やヤシ殻などを原料に作られた微細な穴を持つ炭素のこと。ろ過槽の中などに入れておけば、水の臭いや、流木を入れたときに生じる水の黄ばみなどを取り除くことができる。ただし、その効果には限りがあるので、定期的に交換しよう。

●硬度／総硬度（こうど／そうこうど）

総硬度（GH）は、水中のカルシウムイオンとマグネシウムイオンの総量を示したもの。硬度が高い水のことを硬水、低い水のことを軟水と呼ぶ。日本の水道水はだいたい軟水～中硬水程度であり、ウーパールーパーの飼育に問題なく用いることができる。

●コケ

水槽のガラス面、水草の表面などに生える藻類の総称で、色や形状は様々。飼育水槽には自然と生えてくるものなので、水換えの際に専用のスポンジなどを使って取り除く。大発生するような場合は、飼育水が汚れていたり、ろ過槽が詰まっているなどの問題が考えられる。チェックして原因を改善しよう。

●混泳（こんえい）

複数のウーパールーパーを飼育すること。個体の性質にもよるが、水槽の広さに余裕があり、また、十分な隠れ家が確保されていればうまくいくことが多い。また、魚とウーパールーパーの混泳は、ウーパールーパーが魚を食べてしまったり、魚がウーパールーパーの外鰓をかじるといった事故が起きる可能性があり、基本的には避けた方が無難。

さ

●サーモスタット

水槽用のヒーターや冷却ファンと接続することで、水温を希望の値に維持する装置。なお、ヒーターには予め決められた水温を維持するオートヒーターと呼ばれるタイプもあり、これはサーモスタットを必要としない。

●硝化作用（しょうかさよう）

ウーパールーパーが排泄したり、枯れた水草の葉などが微生物によって分解された結果生じた、生物にとって有害なアンモニアがろ過バクテリアによって、亜硝酸、硝酸塩と変換、弱毒化されていく作用。最終的に生じた硝酸塩は比較的毒性が低いとはいえ、蓄積するとウーパールーパーの体調を崩す原因となるので、水換えやろ過槽の掃除によって取り除く。

●ソイル

土を焼き固めて作られた底砂。水草の生長に役立つ栄養分が含まれたもの、特定の水質を作りやすいものなど、その性質は商品によって様々。

●底砂（そこずな）クリーナー

水槽の水換えグッズ。パイプ型のホースを底砂の中に差し込み、水と同時に砂中の汚れを排出する。特に粒の大きな底砂を使用している場合、中に汚れがたまりやすいので、定期的にクリーニングしたい。

た

●立ち姿（たちすがた）

ウーパールーパーが宇宙人らしく（?）、また、とても愛らしく見えるポーズ。普通に飼育していてはこのような姿勢をあまり取らないので、給餌の際にスポイトやピンセットを使って上から餌を与えるようにしてみよう。よく馴れた個体は人の姿を見ただけで、立ち上がることも。

●着生（ちゃくせい）

水草が根などを使って、ものに草体を固定して生長すること。アヌビアスやミクロソルムの仲間、ウィローモスなどの藻類がこの性質を持つ。砂に水草を植えないので底砂を厚く敷く必要もなく、水槽のメンテナンスも楽。ウーパールーパーの水槽をレイアウトするにはおすすめの方法だ。活着（かっちゃく）ともいう。

は

●ベアタンク方式

水槽に底砂を敷かずに飼育する方法。見た目には殺風景だが、ウーパールーパーの飼育においては、底砂を飲み込む事故を心配する必要がなく、また、水換えや掃除も行ないやすいというメリットがある。

●pH（ペーハー、ピーエッチ）

水に溶け込んだ水素イオンの濃度を指数で表したもの。7を中性として、それより高いとアルカリ性、低いと酸性になる。硝化作用により生じた硝酸塩は酸性の物質なので、蓄積するとpHは下がっていく。ウーパールーパーは中性前後のpHを好むので、定期的に換水をするとよい。

● 参考文献

・P. W. Scott「AXOLOTLS」(1981) T.F.H. Publications, Inc. Ltd.
・W. E. Duellman & L. Trueb「Biology of Amphibians」(1994) Johns Hopkins University Press
・松井正文「両生類の進化」(1996) 東京大学出版会
・岩澤久彰　倉本満「動物系統分類学． 両生類Ⅰ　9（下 A1）脊椎動物（Ⅱ a1)」(1997) 中山書房
・岩澤久彰　倉本満「動物系統分類学． 両生類Ⅰ　9（下 A2）脊椎動物（Ⅱ a2)」(1997) 中山書房
・市川洋子　大谷浩己　三浦郁夫「両生類の色素細胞」電子顕微　Vol38. 3. 207-212（2003）
・山崎利貞　松橋利光「爬虫・両生類ビジュアルガイド　イモリ・サンショウウオの仲間」(2005) 誠文堂新光社
・松村豪一ら「メキシコサンショウウオの発生学的・形態学的研究　第 42 回日本界面医学会学術研究会　発表要旨」(2006)
・Le ´ vesque M, Gatien S, Finnson K, Desmeules S, Villiard E´,et al「Transforming Growth Factor: b Signaling Is Essential for Limb Regeneration in Axolotls」PLoS ONE 2(11): e1227. (Open Access)(2007)
・池田純「第 3 章 . 有尾類の飼育と繁殖　第 2 項 . アホロートル . 爬虫類・両生類の臨床と病理に関するワークショップ AMPHIBIANS　」(2008) 麻布大学
・Barnett James「Pigmentation loss and regeneration in a captive wild-type axolotl *Ambystoma mexicanum*」17 -18. 115 Herpetological Bulletin（2011）The British Herpetological Society
・鈴木悟「甲状腺ホルモン輸送：甲状腺から標的核受容体への旅路」403-410. 59(6)（2011）信州医学雑誌

● 参考 WEB site

・Amphibiaweb
http://amphibiaweb.org/
・The IUCN Red List of Threatened Species. *Ambystoma mexcanum*
http://www.iucnredlist.org/details/1095/0
・S. T. Duhon. Short guide to Axolotl Husbandry
http://www.ambystoma.org/education/guide-to-axolotl-husbandry
・日本ウパルパ協会
http://uparupa.jp/

● 撮影・取材協力（敬称略）

うぱるぱ屋、金魚の吉田、Sensuous、中央水族館、動物屋 GECKO、ペットショップリバース魚 's、
リミックス mozo ワンダーシティ店、進藤祐介、大門慶子、永島亜紀、堀川翔悟・好、益原愛子、
渡部　久（NPO 法人 日本ウパルパ協会)、Martha Garay、Miguel Sanchez、
(株) キョーリン、ジェックス（株)、スペクトラム ブランズ ジャパン（株)、
DS ファーマアニマルヘルス（株)、日清食品ホールディングス（株)、日本動物薬品（株)

著者プロフィール

藤谷 武史（ふじたに たけし）

1971年、岐阜県生まれ。名古屋市立大学大学院システム自然科学研究科　博士前期課程修了。修士(生体情報)。現在、名古屋市東山動植物園飼育係。園では両生類を担当して30年を数え、動物園では日本で初めてヤドクガエルの繁殖に成功するなど、これまで様々な種の飼育に従事してきた。研究では、現在アルダブラゾウガメ属の国内隠ぺい種調査、フィールドでのカスミサンショウウオの保全、集団遺伝学に従事している。現在、名古屋市レッドデータブックの両生類調査員を務める。著書に「爬虫類・両生類の臨床と病理に関するワークショップ　AMPHIBIANS」(分担執筆)、「新ポケット版　学研の図鑑　爬虫類・両生類」(執筆協力、学研教育出版) などがある。

大渕 希郷（おおぶち まさと）

1982年、兵庫県生まれ。京都大学大学院・動物学教室を単位取得退学。その後、上野動物園・両生爬虫類館の飼育展示スタッフ、日本科学未来館・科学コミュニケーター、京都大学野生動物研究センター・特定助教（日本モンキーセンター・キュレーター兼任）を経て、2018年1月より“どうぶつ科学コミュニケーター”として独立。夢は、今までにない科学的な動物園をつくること。特技はトカゲ釣り。主な著書に、「学研の図鑑 LIVE ポケット 爬虫類・両生類」（学研プラス）、「もしも？の図鑑 絶滅危惧種 救出裁判ファイル」（実業之日本社）、「Act of Love ?A visual dictionary of animal courtship」(HUMAN RESEARCH)、「世界のキレイでかわいいカエル」（パイインターナショナル）など多数。その他、動物関連のテレビ出演や監修も多数。

ISBN978-4-904837-66-5
2022 Printed in Japan

定価はカバーに表示してあります。
乱丁・落丁本はお取り替えいたします。

※本書は、2014年出版の「ウーパールーパーと仲良くなれる本」を増補改訂したものです。

編集● 宮島裕昌
撮影● 橋本直之
イラスト● いずもり・よう
デザイン● 小林高宏

ウーパールーパーともっと！仲良くなれる本
～飼い方・殖やし方・体のヒミツがわかる！～

2018年6月10日初版発行
2022年12月1日3刷発行
発行人● 清水　晃
発　行● 株式会社エムピージェー
〒221-0001　神奈川県横浜市神奈川区
西寺尾2－7－10　太南ビル2F
TEL.045（439）0160
FAX.045（439）0161
http://www.mpj-aqualife.com
印　刷● 株式会社シナノ パブリッシング プレス